U0174499

SHIYOU KEJI RENCAI DUIWU
JIANSHE YANJIU

石油科技人才队伍建设研究

谢冰◎著

企业管理出版社
ENTERPRISE MANAGEMENT PUBLISHING HOUSE

图书在版编目（CIP）数据

石油科技人才队伍建设研究 / 谢冰著 . —北京：企业管理出版社，2021.6
ISBN 978-7-5164-2395-0
Ⅰ. ①石… Ⅱ. ①谢… Ⅲ. ①石油工业—技术人才—人才培养—研究—中国 Ⅳ. ① TE-4

中国版本图书馆 CIP 数据核字（2021）第 094480 号

书　　名：石油科技人才队伍建设研究
作　　者：谢　冰
责任编辑：郑　亮　田　天
书　　号：ISBN 978-7-5164-2395-0
出版发行：企业管理出版社
地　　址：北京市海淀区紫竹院南路 17 号　　邮编：100048
网　　址：http://www.emph.cn
电　　话：编辑部（010）68701638　发行部（010）68701816
电子信箱：emph001@163.com
印　　刷：北京虎彩文化传播有限公司
经　　销：新华书店
规　　格：145 毫米 × 210 毫米　32 开本　5.875 印张　120 千字
版　　次：2021 年 6 月第 1 版　2021 年 6 月第 1 次印刷
定　　价：58.00 元

目　录 CONTENTS

1

绪　论

1.1 研究意义及背景

1.1.1 研究背景

知识经济时代，科技飞速发展，革新与时俱进，技术比以往任何时候更加重要，决定着经济发展、人民幸福、社会进步，成为发展经济和社会进步的核心动力。作为科技知识的重要载体，人才队伍就是其中关键力量之一，在综合实力竞争中，人才队伍状况已经成为人才竞争和国力对比的重要因素。人才队伍建设，是实现企业高质量发展的重要保障，是推动经济进步的重要战略力量，也是增强综合竞争力的需求。企业的制胜之道，是人才实力的成功突围，依托于人才优势源源不断地转化为企业的竞争和发展优势。由此可见，企业的竞争实际是人才之间的竞争，也是选人用人的激烈竞争。

随着社会和经济的发展，企业之间的竞争日趋激烈。

企业竞争主要表现为技术的竞争、产品的竞争，而技术、产品的竞争实质上就是人才的竞争。科技人才是知识和技术的载体，谁拥有了人才谁就掌握了知识和技术，因此人才才是一个企业的根本。

美国钢铁大王卡耐基曾说过：将我所有的工厂、设备、市场、资金全部夺去，但是只要保留我的组织人员，四年之后，我仍将是一个钢铁之王。1950 年，钱学森决定返回祖国时，主管他研究工作的美国海军次长大为震惊。他认为：钱学森无论在哪里都抵得上五个师。他说，我宁肯枪毙他，也不愿放他回中国。这两个例子充分说明了科技人才对一个企业乃至一个国家的重要性。

石油行业是我国社会经济中的核心产业，是我国社会经济发展的基础，也是振兴我国工业、保证社会经济持续发展的主要支撑，在我国社会经济的发展中起着重要的推进作用。经过几十年的艰苦创业发展，我国早已形成完备的石油产业体系，生产规模也逐渐成形、科技化水平也位列全球顶尖，是名副其实的技术密集型、资金密集型产业，石油行业要实现持续发展，资源是基础，人才是根本。随着石油战略资源竞争的白热化，石油技术市场必然走向国际化、信息化和一体化，国家之间、石油企业之间，甚至油田内部单位之间的人才竞争必然更加激烈，未来油田企业要在国际石油技术市场竞争中占据更广阔的发展空间、展现更大的作为，必须持之以恒强化人才开发，推进人才资源开发日趋精细化，实现人才开发效益最大化。

科技人才是石油勘探开发的主力军，也是最高端、最宝贵、最蕴含开发潜力的人才资源，是石油企业最重要的创新主体，也是人才资源开发的主体，他们正处于成长成才的“黄金期”，如果抓准时机以正确的方法开展精准培养，必将取得人才培养事半功倍的效果，从而提升人才队伍整体核心竞争力，因此，开展石油科技人才培养规律研究和机制探索是我们面临的重要课题。结合油田企业科研单位实际来讲，主要有以下重要意义：第一，油田勘探开发严峻形势的客观需要。现阶段胜利油田勘探开发形势日趋严峻，勘探对象日益隐蔽与复杂，寻找规模优质储量难度加大，提高采收率技术瓶颈日益突出，老区稳产压力越来越大。面对严峻挑战，必须紧紧依靠地质基础理论的创新和关键技术的进步，推动勘探开发专业化、一体化进程，加快科技成果向现实生产力的转化步伐，而技术的竞争归根结底是人才的竞争，在不断加大高层次领军人才培养的同时，培养与储备一支具有强大竞争力的石油科技人才队伍，是企业实现可持续发展的关键，也是促进石油科技创新，实现油田提质增效的关键。第二，提升人才开发工作质量效益的客观需要。由于受传统观念影响，很多企业科研单位对石油科技人才资源的开发利用不够，即使在当前企业竞争日趋激烈的形势下，一些油田企业科研单位虽然已经认识到石油科技人才培养的重要性，但由于没有探索形成系统完善的石油科技人才培养机制，人才资源也就难以很好地转化为企业的核心竞争力。

1.1.2 研究意义

在石油企业中，具有较强适应能力和创新精神的高级专业技术人才往往是一个群体的核心。同时拥有一批站在学科前沿的拔尖人才，对于高质、高效完成科研课题和项目，确保优势学科和重点学科后备力量充足，使本单位在竞争中始终占据有利地位等，起着决定性的作用。为此，新形势下，如何加快石油科技人才的培养、使用，加大石油科技人才开发力度以适应现代化科研工作的要求，是一个需要不断探讨和总结的重要课题。

受新冠肺炎疫情和全球经济疲软、国际原油市场供应过剩及其他复杂国际关系的影响，国际油价呈现剧烈波动态势，在这样的形势下，完善石油科技人才队伍建设机制、创新石油科技人才队伍建设模式、盘活石油科技人才资源，激发石油科技人才队伍活力，产生源源不断的创新动力就显得格外重要。

石油科技人才最重要的价值体现在他们的创新价值上，石油科技人才能够利用他们掌握的专业知识进行创造性的劳动，提出新的理论和新的解决方法，并转化为新的生产力。所以，他们是现代企业竞争优势的关键所在，石油企业要实现可持续性发展，在激烈的市场竞争中立于不败之地，就必须重视石油科技人才的引进和培养，增加企业对人才的吸引力。这就要求我们按照“支撑战略、服务发展、人企共赢”的思路，建立与“一基两翼三新”新发展格局配套联动、同频共振、靶向发力的石油科技人才选人用人新体系，锻造高素质、专业化、极富创新创造活力的石油科技人才队伍。

本书以中国石油化工股份有限公司胜利油田分公司勘探开发研究院（以下简称勘探开发研究院）的石油科技人才队伍建设为例，从石油科技人才队伍建设现状入手，结合油田科技发展进步实践，以人才开发理论、人才成长规律及影响因素为基础，从人才培养、团队建设、激励机制、成长环境和流动机制等方面，深入阐述了如何加强石油科技人才队伍建设，打造势头强劲、后备充足、可持续发展的石油科技人才队伍。

1.2 国内外企业人才队伍建设情况

1.2.1 国外研究现状

（1）从经济学的角度。国外把人才看作一项重要的资源来研究，就是我们所说的人力资源。主要是研究如何配置、使用人力资源，提高人才使用效率。古典学派代表亚当·斯密在《国富论》提出了把资本分为固定资本和流动资本，而他所讲的固定资本包含了人才。对人力资本理论做出重要贡献的有明塞尔、舒尔茨、贝克尔等知名专家，之后斯宾塞、卢卡斯等人都在不同程度上进一步发展了人力资本理论。

（2）从管理学的角度。所谓的人力和人力资本，二者之间根本的区别是人力资源经过针对性的培养投入成为人力资本，具备特定的价值属性。国外的泰勒、法约尔从科学管理理论中研究提出了人本管理，其中“专才管理”就是人才管理。1920年之后，人事管理逐渐成为人力资源管理。1990年代初期，人力资源管理学科不断延伸发展，特别是更多的管理学家，将更加具有研究和实用价值的战略人力资源管理作为了重点研究方向，使人才理论研究取得了一定进展。

（3）从社会学的角度。众多研究者主要是围绕社会环境对人才的影响，或者人才与创造性形成的社会条件及其社会化机制等问题进行研究。意大利的帕累托提出“精英兴衰理论”，认为在历史上，社会高层次精英掌管着社会和民族，伴随这些精英的不断更替，我们的历史也就随着变化了，代表著作有《精英的兴衰》《政治经济学》等。美国罗伯特提出结构因素对人的行为的强制作用。美国哈里特·朱克曼将研究对象对准了科学界，提出科学界的社会分层与优势积累理论，代表著作有《科学界的精英》等。

（4）从成功学的角度。主要关注人才成功的条件和方法，其主旨在于对成功方法的推广和应用，指点人才成功的方法。代表人物有：美国的拿破仑·希尔，总结出了十七条人才成功的原则，还阐述了心态对一个人的决定性作用，《人人都能成功》和《成功规律》是他的著作。戴尔·卡耐基，通过使用社会科学及心理科学，深入研究探讨了人际交流交往中涉及人类本性等方面的内容，创造出独具特色的教育内容和模式，他的研究成果主要是《沟通的艺术》《人性的弱点》等我们耳熟能详的书籍。

（5）从哲学的角度。主要研究历史、政治等内容，重点分析精英或者说人才在社会环境中起的作用。卡尔·马克思、弗里德里希·恩格斯等学者，综合了历史唯物主义和辩证唯物主义，深入研究说明了人才在经济社会发展中的本质、地位、作用和成长规律，一套新的关于人才理论的科学体系就此形成，包括人学论、人的自由全面发展论、人是生产力要素论、教育与实践成才论、人才与群众关系论等，代表著作有《资本论》《共产党宣言》《神圣家族》《自然辩证法》等。

综上所述，国外对人才的研究从不同角度开展，但总体来看主要从人才自身的能力、创造性开展工作、对历史发展和人类进程做出的突出贡献等方面，来衡量和分析人才。

Hawlader 认为人才的成长不能仅仅依靠其自身努力，企业和社会为其提供一个有利的能够激励他们成长的环境也十分重要，此外，建立并执行严密的评价程序，对保证人才的创造性能够沿着正确的方向成长具有重要意义。

Caimes、Margot 指出应根据人才自身的特点和天分，有针对性地进行培养。Altman、Wilf 认为企业应该充分意识到人才对于企业发展的重要性，并科学合理地进行人才管理，以便能够吸引和保留优秀人力资本，激发他们的创造性，让他们可以为企业做出更大贡献。

Oshima、Atsutoshi 认为“具有自主选择权的人力资源开发”是当今企业人力资源管理的核心焦点，企业应当为人才提供能够自我支配、自我选择的成长环境。

1997 年，麦肯锡顾问公司提出“人才战争”一词之后，“人才管理与储备”的理念得到了学术界和企业界的极大关注。随着对人才管理与储备的理论实践研究不断丰富和扩展，人才培养模式逐渐走向目标化和精细化，已经形成了全球性和战略性人才培养、管理新思维，主要特点包括：①以“以人为本”和“管事理人”为核心的人力资源管理理念；②将员工培训纳入企业发展战略常抓不懈，培训日益系统化、目标化、精细化；③建立健全规避人才流失的合理机制。

不同国家的文化及科技存在差异，各国企业为了培养和造就企业适用的科技人才，不断改进人才培养工作，其采取的人才培养对策也各具特色。

美国企业重视短期内业绩评估，注重目标化、绩效化管理。在实际工作中，美国企业经常对员工进行定期业绩评估，如半年绩效、季度绩效和全年绩效，并根据绩效评估结果实时调整员工的职位和薪酬福利等，为业务达到预期目标的员工提供连续的升迁机会，使其始终保持充足的进取心。通过这种短期评估，筛选出真正能为公司创造效益、推动企业发展的人才。美国的管理阶层流行着这样一种观念——任何人都可以成为总经理。惠普公司将业绩评估的结果写入档案，每年通过业绩评估将员工分为搭车人、暗藏的搭车人和明星三类：搭车人是不该招进来的人，对于他们，公司将毫不留情地辞退；暗藏的搭车人是潜力尚未得到充分发挥的人才，公司对他们开展业务提升培训，促使其向明星发展；明星是优秀的人才，公司将按照业绩对该类人才进行激励和提拔。

在注重目标化的同时，欧美国家的大型企业对员工的精细化培养也是其具备长期竞争力的一个重要因素。例如：①作为一家全球化能源公司，康菲石油不仅十分注重、吸引、挖掘优秀科技人才，更注重企业内部的科技人才培养，并持续加大科技人才培养的投入。康菲斥以重资打造的“知识平台”，被认为是其科技人才层出不穷的重要原因，康菲知识管理系统由数据库系统和专家系统两个子系统组成，数据库系统将各个专业的知识以便于检索的方式存储于数据库中，并根据员工的职位和层级赋予其不同的访问权限，使员工在工作中遇到问题时，能够自行通过内部网络进行问题和答案的查询，大大提升了工作效率；当这种方式不能够解决问题时，员工还可以进一步利用专家系统来解决问题，该系统设有 24 小时知识帮助机构，科技员工可以在需要的时候，通过打电话、发邮件等多种方式寻求专家的帮助，与数据库相比，该系统具有更强的互动性，专家能够根据问题的紧急程度亲自到现场对科技员工进行面对面的指导，很好地整合了该企业的全球优势资源。康菲的知识管理系统设计的本质不仅仅是解答疑难问题，而是设计了一整套学习机制，汇总员工的知识和经验，并通过现代化的手段不断传递给有需要的科技员工，不仅使人才获得持续成长，而且实现了人才培养投入与产出的良性循环。②壳牌公司则为科技人才建立了一整套完善的职业生涯导航系统，公司设置了专门的职业生涯顾问，负责为每一名科技员工有针对性地设计职业规划，并负责考评职业规划完成情况与预期效果的符合率，并将其作为个人成长的重要数据录入人才库，规划目标设计均紧密结合公司职位需求和科技人才的知识结构，通过反复调查、评估完成。同时，十分注重人才蓄水池的维护，在网络上建立“经验导航器”，旨在向那些准备发展和成长为高级领导者的科技员工说明这一个过程所需具备的重要经验。科技员工可以内部申请工作，而且在公司内网上获取相关的职业指导。HR 经理每个月要与那些有领导潜质的年轻人交谈一次，开展“了解你”行动（getting to know you），以充分掌握科技员工的成长状况。

“企业即人”是日本企业对人才重要性的基本认识。日本企业对人才有着系统的精细培养模式，企业针对不同层次员工开展不同内容和方式的培训，并将这种分层次的系统培训列为长效机制，贯穿员工职业生涯始终，系统培训主要分为以下几个层次。

①新员工培训。对刚进入企业的新员工重点灌输“企业精神”，包括企业传统、精神、经营方针等方面，旨在培养他们对企业认同感和归属感，增强集体主义、团结合作

的作风。

②监督指导层教育。监督指导层是最基层的管理干部在生产现场对作业工人进行指导监督，培训的内容主要包括：指导工作、改善工作的方法及沟通技巧等。

③管理层教育。管理干部在工作中常常要做决策，并且要进行广泛的横向和纵向的交流，对综合能力提升需求较大，针对这一特点，企业对管理层往往开展“小团体”形式的培训，培训以讨论为主，促进管理层员工互相启发。

④经营层教育。经营层指企业最高领导层（包括董事、常务董事、专务董事、总经理、副总经理在内的核心领导层）。企业为经营层教育提供了充足的参加高层次讲座或座谈会的机会，支持他们与社会名流进行广泛交往，开阔眼界，形成长远战略眼光和创造精神。

对员工分不同层次、不同阶段有针对性地培养，是日本企业人才经营管理的一个显著特色，对全面、持续提高员工的业务水平和综合素质能力，适应国内外社会经济形势变化，保证企业可持续发展，起到了很重要的作用。

除此之外，英国人才培养注重实践与技能培训相结合，采取灵活多样的培训形式；加拿大企业管理者则同时参与高校的教学管理工作，提升人才培养和人才需求的一致性；新加坡企业与发展中国家紧密结合，跨国联合培育人才，发挥各自优势，互补互利；在德国，学校与企业密切协作，培养企业适用技术人员。各国对科技人才或优秀人才的培养各有侧重，但归根结底是为了发挥科技人才的最大潜能，将企业的进步与人才的成长紧密结合，实现企业与人才的持续健康发展。

1.2.2 国内研究现状

马孝民、王小波等学者就科技人才成长的影响因素进行了系统深入的分析，目前得到普遍认可的观点是，科技人才成长受到外在环境因素和内在自身因素的双重作用，其中外在因素主要包括年龄、家庭、环境、政策、体制、教育和传统习惯的束缚等，内在因素则主要包括人才本身的性格品质和心理素质等。

金宏章、郭元林等学者为了研究如何促进人才成长，对人才成长规律进行了研究，认为人才并非简单地以循序渐进直线型的方式成长的，而是普遍呈螺旋式上升的，在某些特定情况下也会出现间断式、跳跃式的成长，他们建议要重视这种现象，并以此为基础制订培养措施，推动人才培养工作。郭新艳更是应用心理学理论来讨论人才成长规律，并建立了倒U形人才能力成长模型。

针对如何更有效地开展人才培养工作问题，李长萍、李秋生等学者提出应该充分结合人才成长的内外影响因素，充分利用教育、社会和当代新媒体等资源为科技人才营造宽容的、支持的成长环境，促进科技人才更快速、更持续地成长。而郭梁则利用矢量分析方法来分析拔尖创新人才的发展方向，并提出应顺从人才可能的发展方向，帮助其不断积累技术优势，推进质变的产生，最终形成突破性创新。李和风、冯会等学者则主张在系统梳理科技人才成长内外制约因素的前提下，有的放矢地制定培养措施，能够事半功倍。许多学者主张构建科学的评价体系，在对人才进行客观评价的基础上，再制订培养措施，其中倪鹏飞、李清彬等学者构建了一个可以进行比较的人才环境评价指标体系，以便能够更清晰地认识到国内人才成长环境与国际水平的差距，有利于促进我国人才培养工作与国际接轨，更有利于科技人才的成长成才。

近年来，国内一些企业纷纷在石油科技人才培养方面开展了很多卓有成效的探索研究，提出了一些很有针对性的对策，简要列举如下：

大庆油田实施了“复合校界”的科技人才培养模式，即根据企业实际需求，形成以企业人才培养为核心，以高等学校为资源、以油田培训中心为基地，通过校企合作的方式整合企业和高校的优势资源，为企业培养应用型高层次石油科技人才的有机复合体系。该体系最大的特点就是具备实效性，以企业需求为导向，以培养复合型、应用型高层次人才为目标，实现校企之间教育资源共享、人才共享和信息共享，形成一个产学研结合、优势互补的培训氛围，有效提升了校企结合的效果，通过校企复合、功能复合和方式复合，推动了企业对国内外优势教育资源的有效利用，促进了企业在职高学历教育的发展，实现了产学研结合，开创了高层次人才培养的新途径，使人才的培养过程成为科研难题的攻关过程，同时科技人才在攻关过程中获得素质上的提升，促进了理论与实践的有机融合。

中国科学院广州分院则不断强化科技人才“实践成才”理念，他们制定《关于引进和培养高层次科技人才的规定》等制度，为科技人才提供安家费和相应的科研项目启动资金等，鼓励科技人才增强竞争意识，主动承担各类科技项目，支持石油科技人员通过竞争争取科研资源，提高科研与管理能力，实现自身快速成长。在申请科技项目时，尽量配备科技人员担任项目负责人或项目共同负责人，鼓励和引导科技骨干发展、培养和提携优秀科技人才。同时，加强跨学科、跨年龄、跨职称层次的复合型科研团队建设，增强领军专家对科技人才的培养与引领作用，帮助科技人才快速成长成才。拓宽科技人才职业发展通道，突破人员编制方面的诸多限制，破除论资排辈观念，为做出突出贡献的科技人才创造职业发展的良好条件，将确有真才实学的优秀科技人才及时晋升到高级岗位。完善科技人才选拔举荐机制，建立科学发展的评价培养体系，使国家科学技术奖励体系和重大人才培养奖励计划真正成为推动科技人才成长的动力。积极营造适合科技人才成长的环境。为科技人才提供相应的课题申报、论文发表、职称申报、技能培训等相关服务工作，积极营造适合科技人才成长的环境。

中国海油渤海油田则提出了“3T”石油科技人才培养模式。一是导师制（Tutor)，主要帮助石油科技人才快速度过“断奶期”，融入科研生产工作，坚持在科研人员中实施“一对一”师带徒制度，在攻关实践中导师手把手地教。创新提出了“导师团”制度，组成阵容庞大的“导师团”，对石油科技人员存在的问题集中授课、答疑，快速提升科技人员的专业能力。二是培训制（Training），对石油科技人才开展分课程培训和实践培训，做到“缺什么，补什么”，切实提升石油科技人员的基本功。三是科技论坛制（Technology Forum），创新人才交流展示平台，充分展示科研人员能力和成果，邀请国内外知名教授专家授课，并积极支持引导石油科技人员参加高级别国际、国内专业交流研讨会，提升科研和汇报水平，开拓视野，促进科研工作紧跟国际前沿。

万科近几年在其人才培养理念中明确提出了针对科技人员的口号：“拿什么留住 80 后”。进入万科的科技人员在总部接受为期一个月的系统培训后，被分配到各个子公司，公司为每位新入职员工指定一名“入职引导人”，并给他们发放“万科通用资质说明”卡片，上面不仅对万科职业通用资质进行了详细的定性描述，还标有行为的具体要求和指标，这张卡片就像是一张人才成长地图，能够直观形象地去引导科技人才找到自己的发展道路。而为了激发他们的创新性，万科成立了跨部门、跨专业和岗位的“创新联盟”，并要求该联盟每年要提出一些创新提案。一旦创新提案被采纳应用到公司的实际生产和管理中时，就能够得到高额的奖励。同时，万科为了帮助科技人员拓宽持续成长的空间，发起了“大雁行动”，即帮助员工进行职业生涯规划，进行系统的培养。在业绩、能力测评结果中表现出色、业绩优秀的科技人才，可以进入“大雁行动”的培训计划，作为后备梯队人才来储备。一旦出现有岗位空缺的情况，公司就会从“大雁”中挑选能力符合要求并且适合该岗位的人培养为新经理，在上岗前，会安排为期一周的管理能力培训，帮助他们进行角色转变。对工作两到三年的新经理，公司则会开展为期一年的集中培训，将他们培养成资深经理。这样根据员工的职业生涯规划，在不同的阶段开展相应的能力训练与指导，不断给员工输送新鲜养料，才能持续提升员工的能力与价值，实现人才培养的可持续性与效益性。

与国外的系统化、精细化人才培养模式相比，我国石油企业科技人才培养模式上的发展总体现状仍然不容乐观，尤其是油田企业科研单位面临着人才队伍新老交替失衡，科研人才流失，优秀科研、经营管理和技能人才短缺及引进难度越来越大等客观问题，对企业发展的制约性越来越大，在这种形势下，就需要油田企业科研单位不断改进措施，提升石油科技人才培养水平。

①石油科技人才培养机制不够完善，企业中存在用人机制不灵活、激励机制不到位、培养措施不落实、内部资源分配不科学等问题，十分不利于激发石油科技人才的积极性和创造性，石油科技人才的潜力没有完全发挥出来，石油科技人才对企业的认同感和归属感有下降趋势，骨干

人才管理的难度增大，人才流失较为严重。

②专业技术人才引进方式较为单一，大多是应届高校毕业生，缺乏规模引进石油主体专业高层次人才的激励机制，高层次人才基本靠内部培养，人才流失情况下，人才结构容易出现失衡。

③对石油科技人才的培养缺乏连贯性，未形成专业技术人员的评聘、培养、使用以及待遇一体化的机制，把聘任、培养和使用等环节割裂开来，对过程管理重视程度不够。

④对石油科技人才的培养属于"头痛医头、脚痛医脚"，没有系统总结经验认识，固化为制度，形成长效机制，培养中往往大而全，不细化培养对象、区分培养对象特点开展有针对性的培养，没有因时制宜、因地制宜、因人而异地开展培养，致使培养效果不佳。

⑤培训机制滞后，培训内容与现实需求脱节，培训方式方法亟须创新，偏重知识灌输，缺乏实践指导，对培训新方法、新方式的研究和实践不够，对如何促进知识转化为能力的办法措施思考不多。培训激励与约束制度不健全，参训人员缺乏主动性和积极性。企业培训中存在强烈的功利导向和实用主义，举办的培训，没有将人才培养工作与企业的长远发展目标和人才科学持续发展结合起来，没有进行系统规划。实际工作中，人才放电时间多，充电时间少，知识结构与科研生产发展要求不相符。

2

相关概念和理论基础

2.1　相关概念

在我国，人才的定义是在不断变化的，一般认为经历了以下三个历史阶段。

第一阶段：1978—1979年人才学刚刚被提出的阶段。这一阶段各方面关于人才的定义，呈现出百家争鸣的局面。比较有代表性的有以下几点。

①认为“人才指那些使用他们的创造性劳动，认识和改造自然与社会，为人类的进步做出了巨大的贡献的人”。这种定义是典型的尖子论定义，强调的是创造性和贡献。

②认为“人才是能够做出某些较大贡献的人”。这是从人的内在能力角度出发的。

③在众说纷纭的关于人才的概念中，我国著名人才学研究学者王通讯教授根据自己的研究成果，认为人才是“对社会发展和人类进步进行了创造性劳动的人”。这种人才定义着重强调了人才劳动的社会性，后来多被沿用。

第二阶段：1982—1987 年。这一阶段学术界对人才的定义逐渐走向相对统一，其中代表性较强的是王通讯和叶忠海的观点。王通讯在《人才学通论》中进一步发展了原来他对人才的定义，认为“人才就是为社会发展和人类进步进行了创造性劳动，在某一领域、某一行业，或某一工作上做出较大贡献的人”。人才学领域的另一位著名学者叶忠海在他主编出版的《普通人才学》一书中指出：“人才是指在一定社会条件下，能以其创造性劳动，对社会或某方面的发展，做出某种较大贡献的人”。

第三阶段：1987 年至今。在这一时期的人才定义中，“创造性”一词逐渐淡化，同时各方面的学者关于人才的定义侧重点也不同。黄亨熠在《人才进化的一般原理》中对人才的定义较有代表性：“所谓人才，就是指在特定的社会区域中，解决该区域性群体与环境（包括自然环境、社会环境）的某一方面（或某几方面）矛盾的能力较强的人。全称为该区域性群体中某一方面、某一层次的人才，简称为人才”。这一时期的人才定义虽然各有侧重，但是已经倾向于形成一种系统理论。

根据《人才学辞典》（1987 年版）对“科技人才”给出的定义，科技人才是指掌握科学技术、技能并能够带来较大社会贡献的人，他们往往具有专门的知识技能，从事与科学研究或技术相关的工作，具备较强的创新意识和能力，并能够对社会做出较大的贡献。科技人才是一种广义的、抽象的、与时俱进的，随人们对品德、知识、才能理解的变化而变化其特征的动态概念。

科技人才属于知识型人才，是具有自我驱动能力与独创性的个体。一般来说，表现出如下特点。

①探索性：科技劳动的任务在于揭示事物运动的客观规律，科技工作的过程是向未知领域进行探索的过程。只是自然科学的探索与物质生产的探索有所区别。

②创造性：探索是创造的前提，创造是探索过程中的发现和发明，是探索的结果和落实，是探索质变性的发展。

③精确性：科技劳动的精确性是正确认识客观事物的基础和前提。科技劳动的精确性表现为观点的精确、实验的精确、材料的精确、数据的精确、推理的精确、结论的精确等。

④个体性与协作性：在科技劳动中，存在着个体劳动和集体协作的方式。个体劳动是指个人的独立思考、独立钻研、独立创造。规模较大的科学研究绝不是个人单枪匹马所能胜任的，科技人才在分工协作中，可以互相启发、深入探讨，促使集体智慧的发挥。

科技人才，除了要有系统的基础知识、良好的基本训练和专业理论知识，以及进行科学实验的实际操作能力外，还需要一些特殊的条件。简单地说应该有以下 6 条，即：

①要具备敏锐的观察能力。

②要具备丰富的想象力和理论概括能力。

③要具备探索未知的热情，一个有创新精神的人，永远不会满足于自己已有的知识和结论，只有敢于打破成规、

向权威挑战的人，才能在科学上有所作为。好奇心、求知欲是科技人才最宝贵的品质。爱因斯坦说过："我没有什么特别的天赋，我只有强烈的好奇心。"科学上的好奇心是创造的源泉。

④要具备坚韧不拔的意志，科学技术劳动是艰苦的，科学的道路从来都不平坦。一个科学技术人才，首先要迎接的不是成功而是失败的挫折，因此，必须有多次失败的思想准备和百折不挠的意志。

⑤要具备良好的科学道德，科学绝不是一种自私自利的享乐。一个科学人才所追求的目标，首先是科学真理，力争做出成就，为国争光，为人类谋幸福，而不是个人名利。高尚的道德品质是科技人才成长的重要的内在因素。

⑥要有科学态度和求实精神。科学最讲实事求是，任何弄虚作假都是对科学精神的背叛，科学态度和求实精神是科技人才探求真理的先决条件。

2.2 理论基础

2.2.1 人才开发理论

人才开发指的是把人的智慧、才干作为一种资源加以发掘和培养，以促进人才本身素质的提升，达到更为合理的使用。人才开发的主要内涵包括：挖掘人才、培养人才。

人才开发是经济社会发展的动力源泉，是提高企业核心竞争力的根本保证。根据现代企业的战略人力资源的思想，进行人才开发的主体思路是必须围绕总体战略分解目标、设置岗位、配置人员，达到事人相宜。用人的首要出发点是战略性的眼光，根据战略来调配企业的人力资源。每个员工的优点和才能都可以归纳为不同的类型，有的在组织协调方面比较擅长，有的在技术分析岗位比较适合，有的喜欢冲锋陷阵，有的足智多谋，在工作中，需要根据人才的特点安排具体事务。如果不能够人尽其用，将是对人才的一种极大浪费，不利于企业的高质量长远发展。

人才开发理论主要包括以下内容。

①人才选拔，即识别发现和挑选人才，“治国之道，唯在用人”。企业也是如此，用人是领导者的基本职责。再好的决策和计划，如果没有一批德才兼备、精明强干的人去实施，也是无法实现的。所以，能否最大限度地挖掘和利用人才，是衡量领导水平高低的一个重要标志。

②人才培养，即对潜在的人才和现有的人才进行教育培训，提高他们的业务水平和综合素质，帮助其实现发展和成长的过程。新选拔的人才一般都需经过专向的再培养和再训练，才能成为适应相应岗位和层级要求的专门人才。人才培养的形式包括在学校进行系统教育进修、在职参加各类专业培训班、研讨班等；人才培养的实质是通过持续提升人才的业务和综合素质，最终达到解决企业面临的实际和关键问题的最终目标。对于企业来说，应该分层次、分类别对人才开展相应的培养。

③人才使用，根据人才的特点和特长，把合适的人才安排到合适的岗位上，充分挖掘人才的潜质，最大限度发挥人才的作用。

④人才调剂，即把各种人才从不适合的工作岗位调动到更加适合的工作岗位，使人尽其才。

⑤人才管理，是指要建立健全相关的规章制度、管理档案等，以保障人才开发的需要，这是人才开发的必要条件。

⑥人才测评，即运用科学的方法和程序对人才的能力素质与绩效进行测量和评定，这是科学客观地了解人才能力和类型，以便科学使用人才的前提。人才测评的方法包括人才测量和人才评价。人才测评的主要工作是通过各种方法对被测试者加以了解和归类，从而为企业组织的人力资源管理决策提供参考和依据。

2.2.2 激励理论

激励理论是关于如何了解人才的真实需求、制定相关激励措施，以调动人才积极性的原则和方法的概括总结。激励的目的在于调动人才的积极性和创造性，以充分发挥其潜能，取得更大的成绩。

许多学者从行为科学和心理学的角度对激励进行了研究，认识到人的行为是由动机决定的，动机是由人的需求决定的。因此，有效的激励最根本的就是正确了解激励对象的需求。这方面的研究比较有代表性是马斯洛的需求层次理论、赫茨伯格的双因素理论和麦克利兰的成就需要理论等，认为人的需求具有层次性，当低层次的需求得到满足后，便不再具备激励作用结果，并且受到内在品质和外在环境因素共同作用，每个人具有不同的需求，可以通过制定措施满足一定需求，进一步调整动机，进而引导人的行为。

对企业来说，激励对象是企业的员工，人才激励就是赋予人才以完成既定目标所需要的动机或动力。它是通过一系列措施启迪和引导人才，激发其动机，挖掘其潜力，使之充满积极性，具有不断探索创新的能量和动力。不同职位、岗位和级别的员工的需求是不同的，基层员工最大的需求可能是薪酬、福利，而对于理论技术到达一定水平的专家级员工来说，成就感可能是其最大的需求。因此，对于管理者，建立有效的人才激励机制对企业的发展至关重要。所谓人才激励机制就是以激励人才为目的而建立的制度、程序及工作模式。一个有效的人才激励机制必须处理好科学评价、公平竞争、因材激励三个环节。其中，科学评价是前提，公平竞争是根本，因材激励是关键。

2.2.2.1 人才激励的原则

（1）物质激励与精神激励相结合。

西方心理学家马斯洛的需要层次理论，把人才的需要分为五个层次：即生理的需要、安全的需要、归属的需要、尊重的需要、自我实现的需要。显而易见，生理的需要和安全的需要是物质的需要，属于低层次的需要；而其他的高层次需要则是精神属性的需要。物质激励主要是通过经济手段激发人才的潜能，从而调动积极性；而精神激励主要是通过理想、成就、荣誉、情感等非经济手段激发人才的潜能，以此调动他们的积极性。物质生活需要虽然是属于低层次需要，但却是人才的最基本的需要。过去人才队伍的诸多问题，很大程度在于人才待遇比较低，往往过分强调精神感召和道德说教，忽视了物质激励的杠杆作用，所以，必须要加大物质激励力度。但物质激励不是万能的，尤其是对于具有安贫乐道、甘于清贫精神的优秀传统人才而言更不是万能的，还离不开精神激励的作用。物质激励与精神激励是激励的两种模式，二者辩证统一、相辅相成。因此，在人才管理中，应进一步调整好物质激励与精神激励的关系，将两者有机结合，全面实行同步激励，用物质和精神激励人才，切实调动起人才工作的积极性、主动性、创新性。

（2）外在激励与内在激励相结合。

社会发展、经济建设、企业管理都离不开一支高质量的人才队伍，而人才作用能否发挥、发挥的作用大小与对人才的外在激励密切相关。外在激励是一种重要的激励方式，它虽然能对人才产生一定的激励作用，但很难激发他们的内驱力。内在激励则主要来源于工作活动本身，是发自内心的一种力量。想让激励对人才产生更大的作用，还需对人才个体实施内在激励，如果能将外部激励与内在激励有机结合起来，效果无疑会非常好。当然，外在激励以内在激励为基础，内在激励的产生有赖于外在激励的诱发，而内在激励一旦产生会使外在激励更有效，两者属于互相促进提升的关系。

（3）组织需要与人才个体需要相结合。

激励的目的是通过一定的激励措施，提高人才工作的积极性，发挥他们的创造性，从而实现组织目标。组织对人才的激励要达到良好的激励效果，必须与人才个体的目标相一致。这种结合是实现人才与组织“双赢”的根本，是人才得以发展、组织得以前进的保障。由于人才的需求是多样的，与组织的目标可能并不一致，因此，人才在考虑个体需要的同时，要多体谅一下组织的实际，多考虑一下组织的发展。人才只有与组织所需紧密结合起来，用自己的才能与本领为组织服务，才能使自身的才能得以充分发挥。组织也要多了解人才的需求，从而在实现组织目标的同时，满足人才的需求。

2.2.2.2 人才激励的作用

（1）调动人才的积极性，开发人才的潜力。

激励是调动人才积极性的重要手段之一，正如前文所述，如果没有足够的激励，人才仅能发挥 20% ～ 30% 的潜能；如果激励足够充分，人才就能发挥 80% ～ 90% 的潜能。其中的差距就是激励的结果。通过激励，一方面可以使人才最大限度发挥个人专业才能，化消极为积极，化被动为主动，进而保证工作的有效性和高效性；另一方面也可以进一步激发他们的创造性和创新精神，全面激发人才的活力，进一步开发人才长远培养的潜力。

（2）提高人才的素质，实现组织的目标。

从人才的素质构成来看，虽然其具有双重性，既有先天因素，又有后天影响，但从根本意义上讲，主要还是取决于后天的学习实践积累。通过不断的学习实践积累，人才的素质才能提升，人才的社会化过程才能完成。人才个体为了谋求组织目标的实现，不但能改变其手段，而且通过学习能改变其行为。这种改变也意味着人才的素质发展到更高的水平。当然，学习和实践的方式与途径是多种多样的，但激励是其中最能发挥效用的一种。通过激励来控制和调节人才的行为趋向，会给学习和实践带来巨大的动力，从而有利于人才素质的不断提高和组织目标的实现。

（3）提升人才对组织的忠诚度，吸引和保留优秀人才。

增进人才对组织的忠诚感，目的是要在组织内形成一种凝聚力，留住组织真正需要的、符合组织价值观和发展的人才，培养他们对组织的奉献精神。有效的激励是组织提高人才忠诚度最有效的方式之一。激励作为一种手段，组织要利用好，除了在频率上要把握好外，还要在方式上加以创新，因为激励本身就需要灵活运用。在激烈的市场竞争中，通过有效的激励，可以提升人才对组织的忠诚度，不断吸引和保留优秀人才。

2.2.2.3 解决企业人才激励问题的途径

企业人才激励问题是企业人才管理的重要问题之一，要解决好这个问题，必须按建立健全现代企业制度的要求，科学系统构建全流程、全节点人才管理体系。

（1）在打破和建立新的人才激励机制的过程中，马斯洛的层次需要理论为我们研究人才的行为提供了科学的指导。现代管理学认为，人的需求决定动机，动机决定行为，行为决定结果。结合层次需求理论，我们在管理人才这个特殊群体时，要认识到人才的需求层次比一般群体更为丰富，而且是动态的。因此，在企业中，不仅要给人才以物质的满足，而且要给人才以精神的满足，二者要视人才在某一特定的地位、环境和在需要层次体系中对较低需要的满足程度来调节轻重。还要根据情况的不同，处理好个性与共性的问题，要因时制宜，因人而异，只有掌握好时机和了解激励对象的需求，满足其最迫切的愿望，激励的效价才高。这样，才能满足人才群体的各种不同层次的需要，进而获得持久的动力。

（2）在运用弗洛姆期望理论时，应当看到，同一项活动和同一个激励目标对人才的效价与一般员工是不一样的，企业应当着重做好对人才群体的激励措施。设置激励目标时，应尽可能加大其效价综合值，综合值将大大提高激励力量，如当月的奖励不仅提高当月的待遇，而且还与全年总奖挂钩，其效价将显著提高。再如，可根据企业运营中的需要，适时针对人才群体，开展短期攻关竞赛活动，设立恰当的激励目标和激励措施，使他们既感到“跳起来，就能摘到桃子”，又能认识到自身价值的实现。另外，应适当控制绩效标准，既不能太低也不能太高，要确保员工通过努力能够达到。

（3）在某些实行了几十年计划经济体制的企业中，存在着一种比较突出的观念，即“不患寡而患不均”。这种有害的观念如果扩散到企业的人才之中，将导致“相安无事，一起下课”的所谓公平。公平理论中影响激励效果的不仅有报酬的绝对值，还有报酬的相对值，这一理论提醒我们，对某些企业来说，在面向竞争、面向市场、面向客户的营销体制改革中，更要注意分配的公平是一个强有力的激励因素。首先要确立组织的价值观念，统一对公平的认识。要建立普遍的公平感，使员工对公平的认识统一，破除“大锅饭”的平均主义观念，使员工认同以绩效为基础的分配方式是目前条件下的最佳选择。其次，要建立合理的绩效评价体系。有了公认的公平观念还不够，还要有可供操作的绩效评价体系等，制订衡量贡献的尺度和标准，同时使员工了解企业是如何定义和评估绩效的。还要坚持公平公开的原则，使分配的程序公平，公布考核标准和分配方案，使多得的员工理直气壮，少拿的人也心服口服。

（4）强化理论告诉我们一个重要观点，奖励和惩罚都有激励作用。强化理论将强化划分为正负强化，即员工符合企业发展目标的期望行为应得到奖励，相反，则给予惩罚，杜绝违背企业发展目标的非期望行为的发生。管理的手段如果只有以奖励为目标的正激励，势必导致混乱。《华为基本法》曾明确："认真负责和管理有效的员工是华为最大的财富。尊重知识、尊重个性、集体奋斗和不迁就有功的员工，是我们事业可持续成长的内在要求。"这是斯金纳强化理论关于以正激励为主兼以负激励思想的体现。

（5）要以事业、待遇和文化留住人才。事业是留人的基础，只有宏伟的事业，才能够保持对人才的吸引力，只有搭建充分展示人才能力的大舞台，才能体现出人才的价值，实现他们的人生理想。待遇是人才事业成功与否的标志之一，用人必须体现"多劳多得，优质优价"，人才的切身利益必须得到保障，人才的市场价值必须得到充分体现。企业文化是留住人才的潜在力量，文化留人关键之一是确立企业目标，以此来调整个人目标；之二是引导人才进行职业生涯的设计，关心帮助人才职业生涯的实现。唯有如此，个人才能完全融入企业之中，才能真正做到与企业"风雨同舟"。

综上所述，企业只有将科学的激励原理运用到解决实际问题当中，并结合企业运营的实际，努力改进、完善和建立新的人才激励机制，从而选好人才、用好人才、育好人才、留住人才，才能保证企业长盛不衰，实现可持续发展。

2.2.3 目标管理理论

目标管理理论是由现代管理大师彼得·德鲁克根据目标设置理论提出的目标激励方案。该理论是建立在道格拉斯·麦格雷戈的Y理论基础上，加上泰罗的行为科学管理理论为核心而形成的一套管理制度，目标管理强调组织群体共同参与制定具体的、可行的、能够客观衡量的目标。目标管理理论的主旨是用“自我管理”代替领导“压制性的管理”，充分发挥员工对完成任务达成目标的主观能动性。

目标管理理论的实施主要分为确立企业整体目标、明确各部门岗位责任分工并制订各部门员工的目标、实现目标过程的管理、业绩考评、激励和总结调整几个步骤。确立企业整体目标的目的是统一员工认识，形成合力；合理制订目标，实施公平的绩效考核是实施目标管理的关键。目标制订既要与企业的总目标一致，有效保证部门之间目标的相互协调，还要具有充分的可行性、可衡量性和激励性；业绩考评的关键是提供一个公平的考评环境，考评标准要能够准确反应不同岗位层级的员工的目标达成情况和目标达成过程表现；业绩考评之后的激励是保证员工持续地保持工作热情和积极性的主要方式，也是必不可少的。

2.2.3.1 目标管理的主要内容

首先，明确管理人员的目标。德鲁克认为，组织的目标应该根据对“我们的事业是什么？我们的事业将会是什么？我们的事业应该是什么？”这三个问题的回答中寻找。

并且管理人员应该将重点放在团队工作和团队成果上。

其次，管理人员的目标应该如何制订，由谁制订。每一位管理人员的工作目标应该用他对其所属的高一级单位做出的贡献来界定。每一位管理人员都应该参与其所属的高一级单位目标的制订并以积极的行动对上级的目标承担责任。这就是德鲁克倡导的参与式管理，使员工能够参与到组织整体目标制订的过程中，并且根据组织目标来制订个人目标，实现组织目标与个人目标相结合。以此加强员工对组织目标的了解和重视，增强工作执行的效果和效率。

再次，通过衡量进行自我控制。目标管理将管理过程分为制定目标、执行目标、评估目标三个阶段。在目标制订及执行完成后，员工应该对照组织整体目标衡量个人绩效和成果，以组织目标为标准，调整个人目标，避免个人工作偏离组织目标，并为未来的工作指引方向。

最后，自我控制和绩效标准。明确的组织目标为个体目标提供了清晰的标准，使个体能够根据清晰的标准在工作中实现有效的自我控制，通过目标管理促使管理人员对自己提出更高的要求，同时有利于对个体工作效果进行量化考核。

2.2.3.2 对目标管理的争议

以亚伯拉罕·马斯洛为代表，对目标管理的人性假设成立与否提出疑问。德鲁克主张管理的目的是实现富有效率的工作和有成就感的员工。目标管理要求员工能够站在企业的整体角度去思考和工作，但往往在现实中，很少有员工能做到这一点，一般都是根据领导的安排来开展工作。马斯洛认为，德鲁克的目标管理可能起作用的对象只是那些相对健康的人、相对坚强的人、相对优雅和善良的人，以及有德行的人。但是有一点，德鲁克的目标管理对象是针对知识型员工，而知识型员工的整体素质是基本符合德鲁克的人性假设的。以戴明为代表，对目标管理实行绩效考核提出疑问。目标管理的目的是激励员工，调动其工作积极性。但是如何衡量员工目标的实现程度就要求对员工工作进行考核，即绩效评估。戴明指出，目标管理以目标为导向，而不是以过程为导向，仅注重结果，而不注重过程，与其倡导的质量管理观念有很多冲突的地方。戴明把德鲁克的目标称为“定额”，认为“定额是改进质量与提升生产力的一大障碍”，并且认为很多员工不能达到德鲁克要求的为企业整体利益着想和服务，在此情况下，绩效考核可能会对其起反作用。但正是因为员工自身难以自觉地对组织目标富有责任感，才更有必要用绩效考核的制度去规范员工行为，监督员工工作。

2.2.3.3 目标管理的优点

目标管理与传统管理方法相比有许多优点，概括起来主要有以下三方面。

（1）权利责任明确。目标管理通过由上而下或自下而上层层制订目标，在企业内部建立起纵横联结的完整的目标体系，把企业中各部门、各类人员都严密地组织在目标体系之中，明确职责、划清关系，使每个员工的工作直接或间接地同企业总目标联系起来，从而使员工看清个人工作目标和企业目标的关系，了解自己的工作价值，激发大家关心企业目标的热情。这样，就可以更有效地把全体员工的力量和才能集中起来，提高企业工作成果。

（2）强调职工参与。目标管理非常重视上下级之间的协商、共同讨论和意见交流。通过协商，加深对目标的了解，消除上下级之间的意见分歧，取得上下目标的统一。由于目标管理吸收了企业全体人员参与目标管理实施的全过程，尊重职工的个人意志和愿望，充分发挥职工的自主性，实行自我控制，改变了由上而下摊派工作任务的传统做法，调动了职工的主动性、积极性和创造性。

（3）注重结果。目标管理所追求的目标，就是企业和每个职工在一定时期应该达到的工作成果。目标管理不以行动表现为满足，而以实际成果为目的。工作成果对目标管理来说，既是评定目标完成程度的根据，又是奖评和人事考核的主要依据。因此，目标管理又叫成果管理。离开工作成果，就不成其为目标管理。

2.2.3.4 对目标管理的评价

由于任务管理法既规定了工作任务，又规定了完成任务的方法，而且任务和方法都有标准，职工按标准化的要求进行培训，并按标准化的要求进行操作，他们的工作积极性和创造性受到严重的限制；而人本管理法又过于强调领导对职工的信任，放手让职工自主去工作，这又难于保证任务的完成。目标管理法将两者综合起来，即组织规定总目标，各部门依据总目标规定部门目标，把部门目标分解落实到人，至于如何达到目标则放手让工作人员自己做主。这样，既能保证完成组织的任务，又能充分发挥职工的主动性、积极性，因而目标管理法与任务管理法和行为管理法相比，是更为优越的管理方法。

目标管理提出以后，便在美国迅速流传。在第二次世界大战后各国经济由恢复转向迅速发展的时期，企业急需采用新的方法调动员工积极性以提高竞争能力，目标管理的出现可谓应运而生，于是被广泛应用，并很快为日本、西欧和其他国家的企业所仿效，在世界范围内大行其道。

目标管理可能看起来比较简单，但要把它付诸实施，管理者必须对它有很好的领会和理解。

（1）管理者必须知道什么是目标管理，为什么要实行目标管理。如果管理者本身不能很好地理解和掌握目标管理的原理，那么，由其来组织实施目标管理也是一件不可能的事。

（2）管理者必须知道公司的目标是什么，以及他们自己的活动怎样适应这些目标。如果公司的一些目标含糊不清、不现实或不能协调一致，那么主管人员想同这些目标协调一致，实际上是不可能的。

（3）目标管理所设置的目标必须是正确的、合理的。正确是指目标的设定应符合企业的长远利益，和企业的目的相一致，而不能是短期的。合理是指设置目标的数量和标准应当是科学的，因为过于强调工作结果会给人的行为带来压力，导致不择手段的行为产生。为了减少选择不道德手段去达到这些效果的可能性，管理者必须确定合理的目标，明确表示行为的期望，使得员工始终具有正常的“紧张”和“费力”程度。

（4）所设目标无论在数量或质量方面都具备可考核性，也许是目标管理成功的关键。任何目标都应该在数量上或质量上具有可考核性。有些目标，如“时刻注意顾客的需求并很好地为他们服务”，或“使信用损失达到最小”，或“改进提高人事部门的效率”等，都没多大意义，因为在将来某一特定时间没有人能准确地回答他们实现了这些目标没有。如果目标管理不可考核，就无益于对管理工作或工作效果的评价。

目标管理之所以广受欢迎是因为它无论是在理论上，还是在逻辑上都具有很强的可操作性和实用性。首先，目标管理体系符合系统理论的原则。系统理论的核心就是强调研究联系，保证整体。在一个组织中，把各个员工通过组织的共同目标联系到一起，并为了组织的共同目标而努力，这种效力并不是所有员工简单相加的总和。其次，目标管理符合激励理论的原则。通过制订适当的目标能够激发人们的行动动机，调动人们的积极性和主观能动性。目标管理最科学的地方就体现在变以前的外部控制为内部激励。它通过让员工参与设计和制订目标，可以起到激励员工的作用，促使员工发自内心地、努力地完成组织目标。

目标管理的有效性主要体现在迫使管理者认真思考目标，有利于计划的制订。通过制订明确的目标为管理者与员工提供了相互交流和沟通的机会，也可以改善组织中的人际关系；员工参与制订目标，既可以增加员工的工作能动性，又可以调动员工的积极性。洛克和莱瑟姆曾经指出，目标管理可以促进生产力的提高，其原因就在于目标管理可以把管理者和员工的注意力集中到重要方向，也可以发挥出一个人真正的工作能力。

2.3 石油科技人才培养时空规律和关键因素

2.3.1 石油科技人才成长成才的时间规律

2.3.1.1 波峰波谷规律

综观历史，看得失，用人才，兴大业。文武咸集，英才辈出，则事业兴盛；人才匮乏，无人可用，则事业衰败。从人才发展的历史来看，凡是竞争激烈的时代，就是人才辈出的时代，人才群体趋向高峰。例如，中国春秋战国时期涌现出的孙武、吴起、管仲、商鞅等，欧洲文艺复兴时期造就的莎士比亚、但丁、达·芬奇等。反之，缺乏竞争的社会，人才群体的进化速度就慢，中国五代十国时期，欧洲黑暗的中世纪时代，人才就极为稀少。这种人才涌现的波峰波谷规律，充分证明了竞争促进成才的观点。在当今科技迅猛发展的时代，无论哪个领域、哪家企业，科技人才的涌现同样存在“高峰期”和“低谷期”，关键是有没有适当激烈的竞争环境，是否建立有助于科技人才施展才华的平台，是否有利于造就更多的人才，加快人才群体进化速度和全面发展，从而保持人才涌现的“高峰期”。作为处在社会竞争大环境下的企业来说，内部同样需要创造一个竞争的小环境，尤其要把竞争机制引入人才管理中，为科技人才的脱颖而出创造条件。

研究人才波峰与波谷规律，从政治、经济、科学、教育、文化等若干方面进行科学分析，从正反两方面总结人才出现多寡的历史经验教训，探索、认识其特点和规律，有利于我们今后制定正确的政策，促进人才的蓬勃发展，为企业高质量发展做好服务。

2.3.1.2 分布不均衡规律

在相同时间条件的大的物质环境中，人才在不同地域、不同单位，存在分布不均衡的现象。在人才数量多、素质优、结构好、效益高的区域，有可能形成人才资源高地；在一些区域，可能缺乏培养人才的沃土，人才青黄不接。民间谚语“人往高处走，水往低处流”，就清楚地表述了成才的资源优势及利益关系对人才流动、人才高地形成的本质性吸引力量。

从总体上看，我国高素质科技人才大多数集中于东部发达地区，其中院士、博士生导师的集中更为明显。实力强的科研机构由于占据了地理位置、科研经费、生活条件等方面的优势，会吸引越来越多的人才加入其中，整体的科研水平就会越来越强，而经济发展水平相对落后、人才激励措施不到位、科研实力不占优势的科研机构则会处于越来越弱的位置。就勘探开发研究院实际情况而言，勘探、开发方向由于工作性质不同，各个研究室的科技人才分布也不均衡。

2.3.1.3 周期规律

人才成长规律通常经历孕育期、成熟期、全盛期和衰退期，处于不同阶段的人才所表现出来的特征有很大差异。根据美国某权威人才机构研究结果表明，从选定目标到成长为专业拔尖人才一般至少需要 10 年。

（1）孕育期。这一阶段是科技人才的素质积累与起步阶段，是人才成长的重要基础与前提。经过院校的系统教育，科技人才掌握了扎实的专业理论知识，十分渴望参与到科研工作中来。通过这一阶段的培养和锻炼，对科研工作形成初步的认识，能够将自己的理论知识与研究领域紧密结合起来，对前人的研究成果实现有效继承，通过实际工作积累一定的实践经验，掌握将抽象的设想转换为具体技术工作的实践能力。

（2）成熟期。在科技人才了解社会、工作环境，掌握工作技能和技巧之后，就进入了一个相对稳定的发展阶段，其创新、实践能力都有显著的提高，能够承担更为艰巨的任务，并逐渐摆脱常规思维约束，探求新理论与新方法的突破口与切入点，从而形成成熟的工作方法，主观上表现出对职业发展的一定追求，能够积极跟踪专业领域前沿，有效地整合各种资源要素，有意识地培养自己攻克复杂问题的能力，能够领导或帮助团队完成一些具有挑战性的课题。

（3）全盛期。这个阶段的人才综合能力发展程度接近极限，科技创新能力与水平将达到顶峰，团队协作精神与能力大幅提高，在其专业领域已取得有影响的科技创新成果，并能够引领和推动本学科的发展，能够提出具有导向性和前瞻性的科研方向和问题，能够领导或协助其所在的科技创新团队攻克重大的、关键性的科技难题。

（4）衰退期。经历了全盛期的科技人才在研究事业不断推进的同时，会逐渐感觉到力不从心，他们的科技创新内在驱动力表现不足，难以实现自我超越，具体表现为：思想僵化、创新激情与创新动力不足、职业倦怠、抗拒革新、独断专行等，甚至有些人才沉迷于全盛期的成果，停滞不前。衰退期的持续时间因人而异，有些人才的衰退期比较漫长，甚至一直持续到退休。因此，科技创新人才进入全盛期后要不断实现自我超越，并保持其持续创新的能力。

2.3.1.4 “黄金期”规律

国外学者对从1500—1960年近500年间世界上约

1300名自然科学家和1300多项重大科学成果进行统计分析，并对全球诺贝尔奖获得者进行案例分析后发现，自然科学发明者的最佳年龄段是28～45岁，峰值是37岁，这个时间段即为人才成长的黄金期。

与其他人才相比，黄金年龄人才在科技创新到来的新形势下，有以下几个主要特征：风华正茂，处在最佳年龄期。这个时候思维最敏捷，反映最灵敏，创造性最强，也最能快出成果、快出人才。近年来，山东青岛海尔集团经济发展迅速，跟他们有一支年轻的黄金年龄人才队伍是密不可分的。一个企业的成功和创新，往往离不开这些黄金年龄人才高水平的发挥和创造。在世界一些发达国家的大公司，近几年出现了大批年轻的“知识主管”，他们担负着创造、使用、保存并转让知识的重任，年龄大多在30岁左右。美国斯坦福大学教授约翰·科阿告诫人们：“我们毕竟生活在一个由权力社会向知识社会、由等级社会向网络社会、由喝脱脂奶的社会向喝2%脂肪奶社会转变的时代，你必须毫不吝惜地抛弃各种妨碍创造性的因素、标准的动作程度等，而这些没有年轻人的努力是不行的。”据研究，人的学习能力30岁以前是上升的，30岁左右进入或达到顶峰期，50岁以后开始缓慢下降，进入60岁后下降得较显著。黄金年龄人才学习刻苦，积极向上，奋发进取，特别在当今信息社会，他们处理问题积极稳妥，对人生所遇到的种种困难能坦然应对。只要能发挥特长，也不在乎待遇高低；

只要能体现自身价值，暂时受点冷嘲热讽也无所畏惧。在重视科技创新的环境下，一旦选择合适岗位就能义无反顾。

黄金年龄人才的特点和作用决定了人才开发的时效性。黄金年龄人才若储而不用，或不能及时得到开发，其才能就会荒废。为此，从组织人事部门来说，千万不要让人才发出“廉颇老矣，尚能饭否？”的哀叹。最佳年龄成才规律是客观存在的，要增强开发黄金年龄人才资源的紧迫感，克服“年纪轻，不放心”的模糊认识，树立“年轻才能有为，才能成才”的新观念。年纪轻，阅历少，办事不稳重，是一种自然现象。人才成长是一个过程，黄金年龄人才经过一定的岗位锻炼之后，便能积累经验，克服不足，最终做出更大的成绩。

2.3.1.5 分化规律

科技人才在相对同一起点、同一环境、同一时间条件下，由于自身成才期望、成才动力，以及性格因素、心理特征等综合原因的影响作用下，在群体中逐步会分化为优秀、先进、一般等不同层次水平的科技群体。

2.3.2 石油科技人才成长成才的空间规律

2.3.2.1 师承效应

人才学研究表明，人才队伍建设遵循八条规律，师承效应是其中最重要的一条，排在八条规律之首。“名师出高徒”这句话反映了名师在知识传播、经验传授、智慧启迪、前沿追踪等方面，对人才培养表现出的不可替代作用。师承效应就是指在人才教育培养过程中，徒弟的思维方式、求学态度及治学方略受到导师理论技术水平的影响，导师的水平越高，徒弟往往能够在理论技术水平的提升中少走弯路，达到事半功倍的效果，甚至形成“师徒链”现象。师承效应是群体人才成长的一条重要规律，这条规律在科技人才群体中表现得尤为明显，如哥本哈根学派和卡文迪许实验室，通过名师相继传承，培养了一代又一代杰出人才，成为科学史上的佳话。然而，事物的发生有其自身的因果关系，师承效应所形成的人才链何以能相继延续？通过对多个科技群体和专家成长之路的分析，发现至少有五方面的因素。

（1）科学预见、把握前沿的眼光得以继承和发扬。

深邃的科学眼光是科学家成就事业的基本特征，它可以洞察现状，准确地预见未来。名师往往重视培养学生的这种眼光。我国著名物理学家冯端认为，“画工和画家的区别在于前者只有手，而后者既有手又有眼，就显得高明多了”。这是非常有见地的经验之谈。“两弹一星”功臣、光学专家王大珩，被公认为那种永远站在科学前沿、有眼光、有魄力的科学家。20 世纪 80 年代，当关注到世界各国对美国“战略防御倡议”的反应时，他敏锐地意识到，我国也应采取适当的对策。为此，他联合著名科学家王淦昌、陈芳允、杨嘉墀，向中央提出“关于跟踪研究外国战略性高技术发展的建议”，成为“863”计划第一人，显示出非凡的科学眼光。与这位战略科学家一样，王大珩的学生——著名激光专家王之江，深得导师传承，在攻读研究生时，就把眼光盯在了红宝石激光器研制这个具有广阔发展前景的新兴学科上。经过王之江的不懈努力，红宝石激光器研制成功，使我国在该学科走在了世界前列。

（2）精心选才、因材施教的能力得以继承和发扬。

无数事实表明，大科学家之所以能带出高徒并且能传承下去，非凡的“相马”能力和高超的“养马”“驯马”技艺是关键。“中国航天之父”钱学森从麻省理工学院获得航空工程硕士学位后，去加州理工学院拜访空气动力学大师冯·卡门。在会见中，冯·卡门提了一连串高难度的问题，钱学森凭借自己扎实的理论功底对答如流。教授感到他具有非凡的智慧和敏锐的思维判断能力，当即表示愿破格录取他为博士研究生。此后，冯·卡门根据钱学森数学天赋高和想象力丰富的特点，经常启发弟子，并通过合作研究来提高他的学术研究水平。正是冯·卡门的慧眼识珠和因材施教，改变了钱学森生命的轨迹，使他在科学世界自由驰骋，开辟了一个又一个新的境界。回到祖国后的钱学森继承老师的传统，精心选才，把自己开创的《工程控制论》知识传授给大学刚毕业的戴汝为，并在此后多年仍与其合作。最终，戴汝为成为我国著名的控制论与人工智能专家。

（3）高尚的情操、超凡的人格得以继承和发扬。

爱因斯坦曾在纪念居里夫人时说："第一流人物对于时代和历史进程的意义，在其道德品质方面，也许比单纯的才智成就方面还要大。"这是对以居里夫人为代表的科技大师们的高尚情操和超凡人格的写照。事实上，大师在教学时，不单传授知识和培养能力，也在用自己的人格魅力对学生产生潜移默化的影响。著名物理学家马克思·玻恩、彭桓武、周光召、吴岳良，他们在爱国情操和人格方面一脉相承。马克思·玻恩是世界著名的理论物理学家，他谦逊随和，待人诚恳，治学严谨，从不居功自傲；虽然被迫离开德国，但对祖国一往情深。他的所有这些优秀品格在彭桓武、周光召、吴岳良身上都得到了继承和发扬。因此说，师承效应不只是对老师知识的继承，同时还是对老师道德情操和人格魅力的继承发扬。

（4）学术民主、教学相长的学风得以继承和发扬。

在学术研究过程中，与学生平等交流，教学相长，鼓励学生博采众长，勇于超越自己，这是所有科学大师培养高徒的共同做法。在科学的前沿地带，导师也会受到知识和信息的局限。钱学森在攻读博士时，冯·卡门教授亲自主持每周一次的学术研讨会。会上先由一位学者进行40分钟的主题发言，然后开展一个多小时的讨论，最后由冯·卡门用15分钟小结。不管是教授还是研究生，在研讨会上一律平等，做到学术民主。这为钱学森锻炼创造性思维提供了良好机会。钱学森继承导师的传统，在“两弹一星”研制过程中，不以专家自居，充分发扬学术民主，集中大家的智慧，集体攻关，取得了一次又一次的成功。

（5）甘为人梯、乐于奉献的精神得以继承和发扬。

科技界师承效应的发生，关键在于大师要自觉自愿，源源不断地把知识能力、科学方法和道德情操传授给学生，这就需要有甘为人梯、乐于奉献的精神。要做到这一点，最重要的是要淡泊名利。全国著名的“烧伤医学泰斗”黎鳌院士 30 多年来培养了以杨宗城教授为代表的 80 多名博士、硕士组成的人才方阵，他用坚实的臂膀托起一个个新人向烧伤医学高峰攀登，形成了“艰苦奋斗、勇创一流、乐于奉献、甘为人梯”的精神。黎鳌院士的弟子、著名烧伤外科专家杨宗城教授，数年来秉承导师的精神，用心血培育新人。让弟子们感动的是，杨教授在病榻上仍让学生把毕业论文一句句念给自己听，逐一修改、把关。令人欣慰的是，学生们继承和发扬了这种精神，像杨教授一样，继续培养和造就着大批烧伤医学的后继人才，为发展我国烧伤医学事业做出了贡献。

我们可以联想到一些科研单位，也有一些学科带头人，他们的才华很高，能力很强，却为什么培养不出优秀的人才，带不出优秀的团队？究其原因，恐怕还是没有形成良好的师承效应人才链，没能继承和发扬好以上五种能力、品质和精神。在科学领域，如数学家熊庆来—华罗庚—陈景润，苏步青—谷超豪—李大潜；在哲学领域，如苏格拉底—柏拉图—亚里士多德等，不胜枚举。古代著名的人才学家刘劭提出："一流人才，能识一流之善；二流人才，能识二流之善。"能者知能，贤者任贤，同声相求，同气相投。对科技人才来说，能否遇到或寻求一位"伯乐型"的名师来发掘和激发他的才华潜能显得至关重要，而宽广的胸怀、识才的慧眼及高超的水平则是衡量名师的关键标准。科学社会学家朱克曼在研究诺贝尔奖获得者的成才规律时发现，1901—1972 年美国的 92 位诺贝尔奖获得者中，有 48 人曾是前诺贝尔奖获得者的学生或曾在前诺贝尔奖获得者的指导下从事研究。在师承效应中，我们发现，要形成"师徒链"现象，关键是师徒要相互选择、相互信任，并且品德、学识、治学态度、方法的相互对称。

2.3.2.2 共生效应

共生效应也叫人才群效应，人才成长的共生效应是优秀人才在某一地域、单位、群体高度集中，成团成批相对集中涌现的人才群、人才链现象，其特征是：领军为核，人才团聚，形成群星汇聚之势。一个单位或人才团队中优秀的人才，能够成为其他团队成员的榜样模范，起到带动和示范作用，同时通过相互交流、共享经验、彼此激励、达到互相启迪、优势互补的效果，营造出一种积极正面的环境氛围，大大促进人才的成长。这就是在某一群体、科研院所或工程领域相对集中或成团成批涌现出"人才团"

的原因。

人才的“共生效应”有两方面的含义：一是指引入一个杰出人才，可以使四方贤才纷至沓来，进而逐渐形成一个人才群体，这是以人才吸引人才、挖掘人才的一条规律。认识和运用这条规律，可为组织赢得巨大的效益。二是指在一个人才荟萃的群体中，人才间的互相交流、信息传递、互相影响往往会极大促进人才与群体的提高。因此，群体的组织者应当充分运用并不断强化“共生效应”，形成一个吸引人才、利于人才成长与脱颖而出的群体。我们可以从中得到这样一个启示，组织的领导者应充分利用并不断强化人才的共生效应，形成一个吸引人才、利于人才成长与脱颖而出的群体。

如世界著名的卡文迪许研究所，培养了17位诺贝尔奖获得者，德国马普学会30人获诺贝尔奖，英国剑桥大学有25人获奖。中国对“两弹一星”做出突出贡献的23位科技专家，他们之间互相影响、互相激励、互相依赖，充分发扬团结协作、合力创造的高尚风格，在工作中探索形成了“有问题共同商量，有困难共同克服，有‘余量’共同使用，有风险共同承担”的经验，正是在广泛有机的协作关系中，他们有效地利用各方面的力量，不但创造出了“两弹一星”的辉煌成就，而且也实现了自我成才的跨越，促进人才个体和人才团队共同向高层次发展。

我们通过研究发现，共生效应的产生，除了一群有潜质的人才的相互协作，还要建立良好的学习、培训、交流、竞争、协作和激励机制，并相互融合、促进，发挥综合培养效应。因此，只有精心培植一块科技人才成长的肥沃土壤，集中一批科技俊杰，让他们都在一块沃土上协同耕耘，让他们相互帮扶并积极影响，共同向更高层次的平台迈进，才能收获更多的科技硕果，从而进一步吸引更多的人才加入进来，实现人才成长的良性循环，形成人才大量涌现的共生效应。马克思说过，智力上的相互协作，是科学劳动的先决条件之一。石油科学包括能源科学、地质科学、环境科学、海洋科学、物理学、化学在内的诸多学科，还包含了催化剂、自动控制、装备制造、信息技术等众多科技领域，这就决定了石油工业问题的解决无法仅靠个人努力完成，需要进行跨学科、跨行业的大团队型的综合研究与协同攻关（冯启海，2011），这就要求石油科研人不仅要努力提升个人业务水平，还要不断增强团队协作意识和能力。

2.3.2.3 累积效应

量变才能引起质变，按照人才“金字塔”模型，塔基越宽厚，塔尖就越高大。塔基为一般人才，塔尖则为少数高精尖科学研究人员或组织指挥人员，即高层次人才或领军人才。人才资源的总量决定高层次人才的数量，高层次人才的总量也决定了领军人才的数量。推进人才队伍建设，不能把目光仅仅盯在高层次人才的培养上，而是要以系统思考和发展眼光放眼人才队伍的整体建设。因此，科技后备人才储备越充足，涌现的精英人才质量和数量就越高。对科技人才个体来讲，如果科技人才成才的优势条件累积越多，那么他（她）越可能在短期内就获得一个很高的成长速率，也比别人拥有更多的成才机遇，则其成才的周期缩短、效率提升。

2.3.2.4 期望效应

期望效应指人们从事某项工作、采取某种行动的行为动力，所产生的对自己或他人行为结果的某种预测性认知，从而极大地发挥自己的潜能以达到预期的行为目标。它既是一种认知变量，又是信念价值的动机。按照现代激励理论，人才对实现目标的期望值越高，完成目标的热情和动力就越充足。产生期望效应主要有三个动力要素：一是吸引力，即工作的吸引力越大，人才的动力越足，取得成就的可能性也越大；二是成效和报酬的关系，即对人才的激励手段越符合其真实需求，激励作用越大，工作积极性就越高；三是努力和成效的关系。就是通过努力，达成目标的可能性越大，人才的进取精神就会越强（王通讯，2006）。根据期望效应规律，对科技人才的培养，更应突出自我成就激励这一重要的精神激励，要大力提高科技人才的社会地位和经济待遇，为科技成才制订详细计划，才能引导其逐步实现自我价值，最终达到成才目标。

2.3.2.5 马太效应

马太效应（Matthew Effect），即社会中尤其是经济领域内广泛存在的一个现象：强者恒强，弱者恒弱，或者说，赢家通吃。1968 年，美国科学史研究者罗伯特·莫顿（Robert K. Merton）首次用“马太效应”来描述这种社会心理现象。“对已有相当声誉的科学家做出的贡献给予的荣誉越来越多，而对于那些还没有出名的科学家则不肯承认他们的成绩。”这便是“马太效应”。

社会心理学家认为，“马太效应”是个既有消极作用又有积极作用的社会心理现象。其消极作用是：名人与未出名者干出同样的成绩，前者往往受到上级表扬 / 记者采访，求教者和访问者接踵而至，各种桂冠也一顶接一顶地飘来，结果往往使其中一些人因没有清醒的自我认识和理智态度而居功自傲，在人生的道路上跌跟头；而后者则无人问津，甚至还会遭受非难和妒忌。其积极作用是：其一，可以防止社会过早地承认那些还不成熟的成果或过早地接受貌似正确的成果；其二，“马太效应”所产生的“荣誉追加”和“荣誉终身”等现象，对无名者有巨大的吸引力，促使无名者去奋斗，而这种奋斗又必须明显超越名人过去的成果才能获得向往的荣誉。

“马太效应”在社会中广泛存在。以经济领域为例，国际上关于地区之间发展趋势主要存在着两种不同的观点。

一种是新古典增长理论的“趋同假说”。该假说认为，由于资本的报酬递减规律，当发达地区出现资本报酬递减时，资本就会流向还未出现报酬递减的欠发达地区，其结果是发达地区的增长速度减慢，而欠发达地区的增速加快，最终导致两类地区发达程度的趋同。

另一种观点是，当同时考虑到制度、人力资源等因素时，往往会出现另外一种结果，即发达地区与欠发达地区之间的发展，常常会呈现“发展趋异”的“马太效应”。落后地区的人才会流向发达地区，落后地区的资源会廉价流向发达地区，落后地区的制度又通常不如发达地区合理，于是循环往复，地区差异会越来越大。

而社会贫富差距，也会产生“马太效应”。在股市、楼市狂潮中，最赚的总是庄家，最赔的总是散户。于是，不加以调节，普通大众的金钱，就会通过这种形态聚集到少数人群手中，进一步加剧贫富分化。另外，由于富者通常会享受到更好的教育和发展机会，而穷者则会由于经济原因，比富者缺乏发展机遇，这也会导致富者越富，穷者越穷的“马太效应”。

马太效应描述了一种优势累积效应，对人才成长来说，已有一定声誉的人才往往更容易得到肯定，他们获得的荣誉也越多，而那些尚未取得显著成绩的人才往往较难获得肯定。这就使科技人才发展的形势变得不利，许多优势平台倾向于知名的科研学者，年轻人才由于自身实力有限，涉足专业时间较短，缺乏丰富完善的交流机制，缺乏前沿系统的科研课题，成才的道路就显得艰难曲折。因此，在人才培养过程中，要注重“显人才”，更要注重“潜人才”，各类有利举措要适当倾向于有发展潜力的科技人才，科技人才也要通过自身的努力，不断提升技术水平，提高学术影响力，突破临界状态，尽早步入知名科研工作者的行列，才能尽快摆脱马太效应带来的不利影响。

2.3.2.6 二八效应

19 世纪末意大利经济学家巴莱多认为，在任何一组东西中，最重要的只占约 20%，其余 80% 的尽管是多数，却是次要的，这就是著名的“二八法则”，他强调了抓住关键因素的重要性。研究表明，地球上的万事万物都是按大约 80 : 20 的比例存在着的，如人的身体里水分与其他物质的比例大约是 80 : 20（魏抒，2012）。这种统计的不平衡性在社会、经济及生活中无处不在，在一个科研单位中，我们不难发现，100% 的人才只有 20% 左右成为精英人才，这 20% 的精英人才就是企业的科技尖子人才，即为领军型或创新型人才，他们对研究学科、科技事业的发展及人才的培养都起着非常重要的作用。一般来说，领军型或创新型人才往往具备以下三个特点：①掌握一项或多项专业核心理论或技术；②能承担关键岗位的工作，能够带领团队解决制约企业发展的瓶颈问题，是高绩效的创造者；③拥有较高的综合素质能力，是组织未来的管理者。

微软前总裁比尔·盖茨曾开玩笑地说，谁要是挖走了微软最重要的几十名人才，微软可能就完了（张小明，2003）。这里，盖茨告诉了我们一个重要的规则，关键人才是企业最重要的战略资源，是企业价值的主要创造者，能否留住并合理利用关键人才，是企业可持续发展的决定性因素。同时，这就要求企业为关键人才制订有效的激励措施，一般包括：取得荣誉、职位晋升、令人期待和满意的职业发展计划、发挥潜能、实现个人价值等。这 20% 的关键人才既是常量，又是变量，企业必须时刻关注关键人才和力量的需求，加以合理利用，加大培养和激励力度，最大发挥其潜质，解决关键问题，同时，也要注重发挥这部分的骨干力量的"造血机能"，带动另外 80% 人才的素质提升和作用发挥，不断为 20% 的关键力量补充新鲜血液，保证后备人才的储备。

2.3.3　影响石油科技人才培养的关键因素

基于以上规律和效应的研究，哪些因素强化或者减弱了这些规律的作用，进而影响了石油科技人才的成长呢？从哲学的角度讲，这些规律虽然不能轻易改变，但我们可以改变这种规律作用的必要条件，从而找到人才培养的"催化剂"，达到缩短人才培养周期、实现培养效益最大化的目的。因此，研究科技成才的关键因素，特别是从内外两个方面展开研究，是研究的关键。

2.3.3.1 内在动因

本书结合国企科研单位的实际情况，提出了人才4Q的概念。即将SQ（灵商）+IQ（智商）+EQ（情商）+AQ（逆商）=4Q作为石油科技人才成长的内在动因，如图2-1所示。

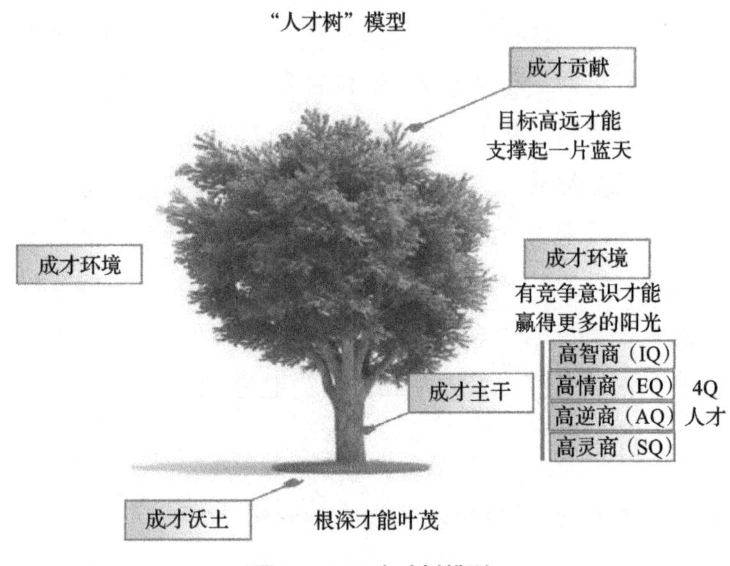

图2-1 4Q人才树模型

（1）灵商（Spiritual Intelligence Quotient）。主要包含心灵指向和创造思维两方面。其中心灵指向又主要包括以下四个方面：一是坚定的政治信仰；二是较高的企业忠诚度；三是正确的人生观、价值观；四是个人价值与企业价值的协同统一。具体到国企科研单位科技人才，就表现为思想政治素质、职业道德素质和岗位责任素质。而创造思维是指对研究对象本质的灵感、顿悟能力和直觉思维能力。具体到国企科技人才就表现为提出并解决崭新课题和对复杂问题的直觉判断。在人类科学史上也有不少典型实例印证了灵商的存在及其发挥的巨大作用，如阿基米德在洗澡时发现了浮力定律；牛顿从掉下的苹果中发现了万有引力定律；凯库勒蛇首尾相连的梦导致苯环结构的发现等。在勘探开发研究院的非常规页岩油气勘探部署工作中，我们科技科研人员以非常规的思维视野，创造性提出了"照猫画虎""鉴古知今""管中窥豹"等技术理念和思路，在国内非常规资料匮乏，国外技术保密程度高的情况下，不断地拓展思维空间，利用极少数可应用的基础资料，获得了极大的勘探效果，探索形成的非常规勘探技术，有效指导了非常规油气勘探。

（2）智商（Intelligence Quotient）。其主要包括认知问题能力和解决问题能力。认知问题能力又可以进一步细分为学习力、记忆力、注意力三种能力。解决问题的能力可以进一步地细分为想象力、判断力、思考力、应变力四种能力。国企科技科研人员只有具备较好的认知能力才能有效地提升接受新理论、新技术、新方法的速率，持续更新知识储备和不断提升专业水准。同时，只有具备良好的解决问题的能力才能培养独特的思维方式，提升综合研究能力和自主创新水平。

（3）情商（Emotional Quotient）。在现代社会中，情商的重要性已经为人们越来越熟知，它主要是指人在情绪、情感、意志、耐受、挫折等方面的可贵品质。在某些情况下，情商在一定程度上决定了一个人的毅力、耐力、交流能力。在团队中，情商表现的作用更是重要，决定了个体成员在团队中能否充分地抓住机遇和发展方向，是个体能否成才的关键因素。情商包含管理自我情绪和辨识他人情绪两个方面，其中管理自我情绪可细分为以下三个方面。

①自我认识：古语“吾日三省吾身”，就是强调人要成长就必须时刻对自己进行审视、评估和改进。科技人才只有具备良好的自我认识能力，才能有清晰的自我定位，准确判断自身在团队中和他人心中的角色、地位及发挥的作用，从而很好地调适自己，制订适合自己的目标。

②自我控制：也叫自我管理，指的是能够有效调控自己，管理好自己的情绪，使之适时适度表现。这是人才个体融入团队，并与团队成员进行良好协作，营造和谐成长环境的重要因素。

③自我激励：是指瞄准目标，调动、指挥自我情绪的能力，它能够使人充分激发昂扬向上的积极情绪，走出低谷，迎难而上。在人才管理学中，自我激励是最高境界和最直接有效的激励。辨析他人的情绪包括准确表达、有效沟通、积极协调三个方面，科技人才只有加强情商锤炼，才能更准确地自我评估，调适好自己的情绪，协调好与团队和他人之间的关系，科学有效地设定工作目标，并且始终保持高昂的工作热情，不断激发创新能力，发挥团结协作的精神，促进自身和企业的全面发展。

（4）逆商（Adversity Quotient）。其是指人们面对挫折、摆脱困境和克服困难的超常反应和能力。IQ、EQ、AQ并称3Q，成为人们获取成功必备的不二法宝，100%的成功=IQ（20%）+EQ和AQ（总共占80%）。逆商来自英文Adversity Quotient，即AQ，全称逆境商数，一般被译为挫折商或逆境商，它是美国职业培训师提出的概念。大量资料显示，在市场经济日趋激烈的21世纪，科技人才成功与否，不仅取决于其是否有强烈的创新意识、娴熟的专业技能和优秀的管理才华，而且在更大程度上取决于其面对挫折、摆脱困境和克服困难的能力。因此，科技工作者在实施创新工作的过程中，应该把科技人才的逆商培养作为着力点，积极进行人才的逆商培养，使其在逆境面前，形成良好的思维反应方式，增强意志力和摆脱困境的能力，从而提高人才创新的成功率。

AQ不仅是衡量一个人超越工作挫折的能力，它还是衡量一个人超越任何挫折的能力。同样的打击，AQ高的人产生的挫折感低，而AQ低的人就会产生强烈的挫折感。对科技人才来讲，主要包含逆境控制、风险处理、抗压能力、担责能力、忍耐持久性五个方面。例如，古滋·维塔就是一个具有高逆商的成功人士，其在创业之初，生活一度颠沛流离，40年后回望往事，他说："一个人即使走到了绝境，只要你有坚定的信念，抱着必胜的决心，你仍然还有成功的可能。"高逆商无论是对处在企业管理岗位还是科研岗位的科技人才都具有非常重要的作用，高逆商可以使管理人员能够大胆决策、科学决策及提高决策失误的担责能力，对于一般的科研人员，高逆商可以使科研人员直面科研攻关中的难题，保持昂扬向上的斗志，以及持续攻关的毅力和直面挫折的勇气。

2.3.3.2 外在动因

我们通过对比研究和筛选评价，将影响国企科技人才的关键外在因素归结为科研环境、培养机制、发展机遇和团队作用四个方面。

（1）科研环境。时势造英雄，道出了环境对于人才的重要性。正如著名典故“南橘北枳”中讲的，同样一棵树，淮南为橘、淮北为枳，可见不同环境中，事物性质就会发生变化，人才培养亦然。一个良好的科研环境决定了科技人才是否能够从中快速汲取知识营养，早日成长为参天大树。一般来说，良好的科研环境至少具备以下四点。

①求真务实、崇尚创新的学术研究氛围。

②民主自由、丰富活泼的学术交流渠道。

③悉心教导、甘为人梯的导师团队和风气。

④公平竞争、优胜劣汰的人才选用导向。

在这种宽厚的学习创新氛围中，科技人才才能看到个人发展的美好前景，从而鼓舞其信心，保持奋进的动力，拓展思维广度，丰富理论储备，不断地去探求真理，超越前人，不断地激发创新思维。

（2）培养机制。建立资历本位和能力本位相结合，全面发展和兼容并蓄相结合的人才“选—育—用”综合培养机制，做到选才上的不拘一格，育才上的多措并举，用才上的兼容并蓄，营造人才脱颖而出的良好环境和平台。

（3）发展机遇。发展机遇对于科技人才的重要性不言而喻，不善于认识、把握或创造机遇，科技人才可能陷入“万事俱备，只欠东风”的尴尬境地，或者与大好发展时机失之交臂，只能扼腕叹息。如何发现和把握机遇呢？从哲学角度讲，重要的是正确处理好三个关系，即人与时，人与地，人与人。人与时就是要求科技人才要始终保持与时俱进，准确把握时代潮流、企业发展方向和技术发展趋势，着眼长远，引领前沿，如当前页岩气（油）等非常规油气藏勘探研究的热潮给科研人员提供了一个施展才华的崭新舞台，科技人才应该以此为契机，积极投身非常规勘探开发实践中，并在技术攻坚克难中崭露头角，其中自然不乏发展的机遇。人与地就是要因地制宜，学会适应环境、认识环境、从而达到驾驭和改造环境，而不要怨天尤人，自暴自弃。人与人就是要建立良好的人际关系，真诚做人，礼仪到位，说话得体，明智处世，这样才会赢得更多的和谐发展空间。

（4）团队作用。人才之所以能够与团队相依相存、相互促进，是因为团队既是人才提升自我、施展才华的重要阵地，又为科技人才提供源源不断的各类资源，这些资源有有形的，也有无形的，有形的包括智慧资源，如信息资源、技术资源、培训资源，无形的包括情感资源，如成功时的关怀和失利时的慰藉，科技人才依托团队成长，与团队建立起荣辱与共的感情，“一箸易折，十箸难断”，科技人才的成长又反过来带动团队的成长，众人齐心方能使团队取得成功，激发团队的“共生效应”，从而出现人才层出不穷的景象。

3

勘探开发研究院石油科技人才队伍建设现状

3.1 单位概况

中国石油化工股份有限公司胜利油田分公司勘探开发研究院成立于1964年7月27日，主要承担国家、中国石化及胜利油田勘探开发重大科研项目与新技术攻关，油气田勘探部署与新、老区产能建设方案编制，油田油、气、水、岩石测试和分析，是胜利油田唯一集勘探、开发于一体的地质综合研究机构，是中国石化重点研究院。

3.2 勘探开发研究院石油科技人才的基本特征

3.2.1 资源结构和分布特征

3.2.1.1 队伍结构

从石油科技人才年龄结构来看，勘探开发研究院共有专业技术干部1075人，其中45岁以下919人，占85%，是科研生产主力军；40岁以下656人，占61%；35岁以下443人，占41%，是最具发掘潜力的人才群体，如表3-1所示。

表3-1 勘探开发研究院科技人才分布表

年龄	45岁以下	40岁以下	35岁以下
专业技术干部人数及占比	919人/85%	656人/61%	443人/41%
总计	1075人		

3.2.1.2 学历及职称结构

勘探开发研究院45岁以下科技人才的919人中，博士73人、硕士488人、本科253人、本科以下105人，其中正高级职称10人、副高级职称291人、中级职称336人、初级职称172人、其他110人，如图3-1所示。

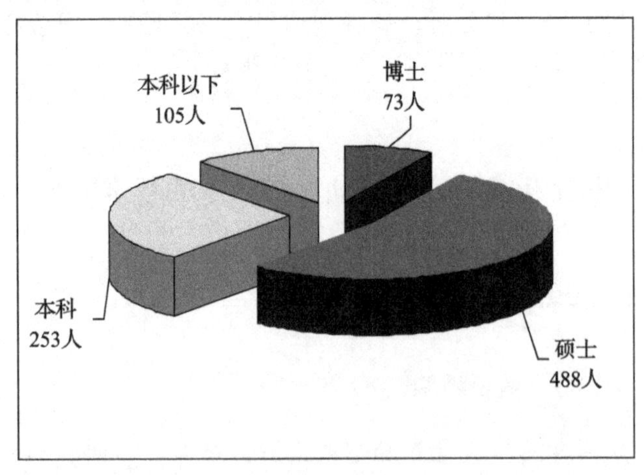

图3-1 勘探开发研究院45岁以下科技人才学历与职称结构（a）

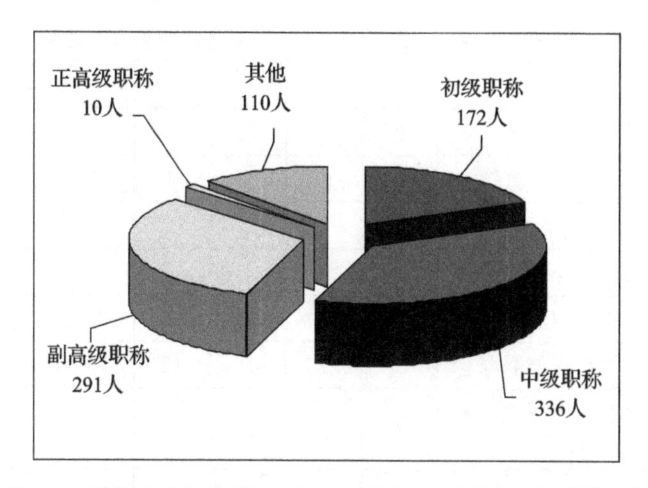

图 3-1　勘探开发研究院 45 岁以下科技人才学历与职称结构（b）

3.2.1.3　专业结构

勘探开发研究院引进的科技人才大多毕业于勘探、地质、石油工程等专业（见表 3-2 和图 3-2），分布在各个研究科室，专业对口率达到了 96% 以上。这为勘探开发研究院分专业、针对性地培养科技人才，以及更好地培养和发挥科技人才专业特长奠定了坚实的基础。

通过对勘探开发研究院科技人才总体分布特征分析（见图 3-3），总体来说，具备以下几个特点。

（1）科技人才总量可观。勘探开发研究院科技人才数量占干部总数的 81%，在地质科技人才队伍中占主体，是科研生产主力军。人才队伍日趋年轻化、知识化和专业化，蕴藏着强劲的后续发展动力，创新优势日益凸现。

表 3-2　勘探开发研究院 2007—2012 年新引进毕业生专业结构分布

专业名称	2007	2008	2009	2010	2011	2012
地球化学	2	1				
地球探测与信息技术	4	13	9	4	3	3
地质工程	1	1	2	1	5	1
地质资源与地质工程	2	3	4	2	2	2
构造地质学	2	1	2	2		
矿产普查与勘探	12	7	8	12	10	9
矿物学、岩石学、矿床学	3	2	3			2
油气田地质与开发	1					
油气田开发工程	8	15	20	18	14	12
沉积学		1				
地质学		1		6	3	2
古生物学与地层学		3	1		1	
海洋地质		1	2	1	3	1
化学		3				
勘查技术与工程		1				
石油工程		5	3		1	
岩相古地理		1				
资源勘查工程		1	4	4	1	1
材料物理与化学			1			
核资源与核勘查工程			1			
计算数学			1	1		
技术经济及管理			1			
物理化学			1		1	

续表

专业名称	2007	2008	2009	2010	2011	2012
流体力学					1	
动力工程及工程热物理						1
开发地质学						1
石油与天然气工程						2
沉积学、矿床学、矿物学			1			
合计	35	60	64	51	45	37

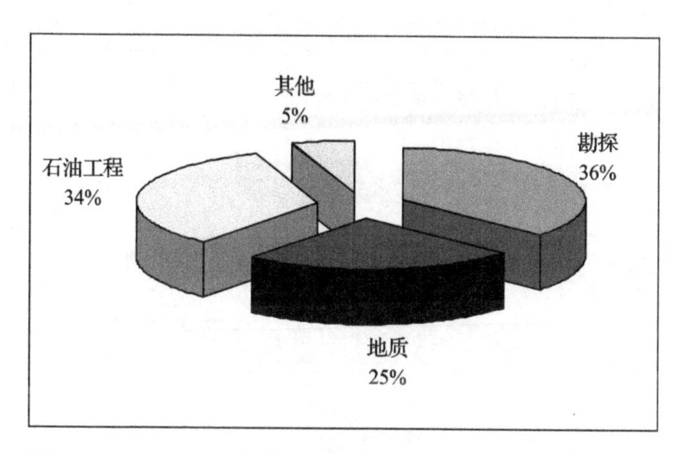

图 3-2　2007—2012 年勘探开发研究院新引进毕业生专业结构

（2）集中了一批创新型人才。35 ～ 45 岁科技人才人数接近干部人数的 40%，他们心态相对稳定、心智相对成熟、技术相对完善，正处于创新活动和创造价值的高峰期，是高层次专家和技术领军人才不断涌现的主要群体和后备力量，通过对这个人才群体的深入剖析，有助于我们深刻把握人才的成长规律。

（3）年龄梯度比较合理。35～45岁科技人才总数与35岁以下科技人才总数比例接近1∶1，年龄梯度相对合理，后备人才充足，能够实现良好接替，具备可持续发展的优势。

（4）有丰富的人才资源可待开发。35岁以下科技群体比例日益增高，且处于成才的“黄金时期”，是一笔珍贵的科技人才资源，亟需最大限度开发利用。

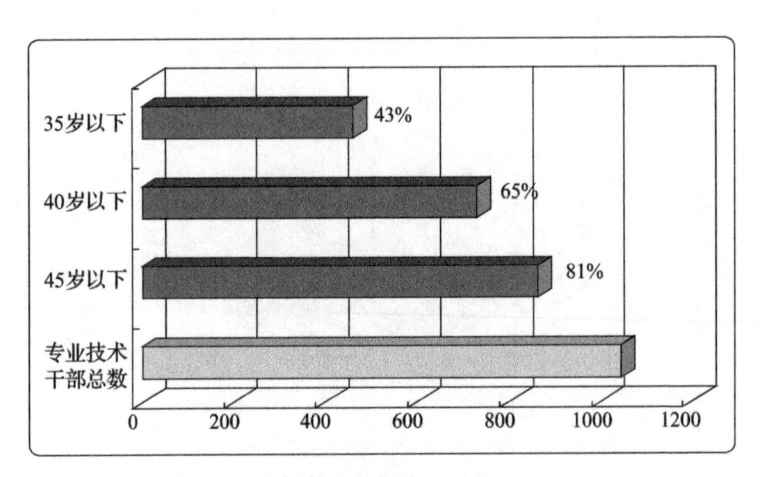

图 3-3　勘探开发研究院科技人才总体分布

3.2.2　科技人才作用发挥情况

在强调科技人才数量这一客观条件的同时，我们也运用统计学和图表分析的方法对科技人才在科研生产特别是重大科研攻关项目中发挥作用的情况进行了统计、调查分析，如表 3-3 所示。

表 3-3 2000—2014 年勘探开发研究院科技人才完成科研课题情况

	40 岁以下科技人才主持承担或参与重大课题情况（%）			获奖人员中 40 岁以下科技人才所占比例（%）		
	国家级	省部级	局级	国家级	省部级	局级
勘探	55.8	58.0	83.7	50.5	53.7	68.4
开发	53.2	52.5	84.3	49.0	43.7	74.9

从表 3-3 可以看出，40 岁以下科技人才 50% 以上都是勘探开发研究院局级、省部级乃至国家级重点科研生产课题或项目的骨干研究人员，甚至是技术首席或课题负责人。在全院科技发展和生产建设中，科技人才发挥了中坚与先锋作用，科技人才始终是勘探开发研究院科技创新的生力军，是最富有创造力和生命力的人才群体。

“问渠那得清如许，为有源头活水来”，勘探开发研究院人才队伍能够始终焕发出青春活力，保持创新的热情与激情，与勘探开发研究院每年不断加大高层次科技人才引进力度有着密不可分的关系。2007—2014 年勘探开发研究院从石油院校及科研院所引进的科技人才共有 290 人，其中本科学历仅 26 人，占 9%；硕士 227 人，占 78%；博士 37 人，占 13%。学历结构呈现“纺锤体”分布，如表 3-4 所示。

表 3-4　2007—2014 年引进科技人才结构分布

学历	人数	35 岁以下	35 ～ 40 岁	总计	
				35 岁以下	35 ～ 40 岁
博研	37	34	3	287	3
硕研	227	227	0		
本科	26	26	0		

经过对 6 年来新引进科技职工的细致分析，我们发现具有以下特点。

（1）近 6 年新引进的几乎都是 35 岁以下的科技人才，他们有扎实的理论功底，思维活跃、精力充沛、追求创新，是优质的人才资源。

（2）从表 3-4 中我们可以看出，引进的科技人才具有层次清晰、比例合理的学历结构，有利于形成高效稳定的人才梯队。

（3）随着人才引进质量的提升，新引进人才角色转变时间缩短，能够更快地融入团体，表现出更强的竞争意识与能力，无疑是人才队伍创新活力的源头所在，只要及时给予培养与引导，就会以非常高的速率成长，有的甚至会实现跨越式的发展。

3.2.3　专业技术与经营管理核心岗位科技人才分布特征

为了掌握科技人才的成长情况，我们对勘探开发研究院重要管理岗位和关键技术岗位上的科技人才分布进行了统计与分析，如表 3-5 所示。从勘探开发研究院关键岗位科技人才的分布特征上来看，我们发现还存在以下几个问题。

（1）在关键技术岗位和重要管理岗位上，40 岁以下科技人才占 1/3 左右，35 岁以下科技人才不到 1/20，科技人才比例偏低。

（2）院首席专家以上岗位没有科技人才分布，缺少有较高知名度和技术影响力的科技专家和学术领军人才。

（3）通过与油田内外其他一些科研单位进行数据对比，我们发现，国企科研单位人才密集度越高，科技人才的发展通道越不够通畅。

（4）与更趋复杂繁重的科研生产任务相比，部分科技人才特别是 35 岁以下科技人员的自主创新水平和综合研究能力还显薄弱，与更高层次岗位的要求还有一定差距，亟需大幅度提升自身素质能力。

表 3-5　勘探开发研究院科技人才关键岗位分布情况

类别	总数	40 岁以下人才数量	35 岁以下人才数量
油田高级专家	7	0	0
院首席专家	6	0	0
院专家	23	5	0
油田学术技术带头人	111	40	3
科级干部	116	27	6
室工程师	70	33	4
主任师	40	26	4

注：40 岁以下班组长占班组长总数的 70%。

3.3 石油科技人才的成长规律

通过对人才成长一般规律和关键因素的分析，结合勘探开发研究院的实际情况，本书试图总结出石油科技人才成才的一般轨迹，作者认为，石油科技人才成才的内在动因必须具备 5 项基本品质，即企业忠诚度、理想信念、学习创新、团队协作、意志力；外在动因包括科研环境、培养机制、发展机遇和团队作用。我们绘制了科技人才成长指数曲线（见图 3-4），发现曲线是一个凹形轨迹，从曲线上可以看到，新引进科技人才刚入院，由于具有很高的成才期望和动力，因此也具有很高的成才指数，随着时间推移，由于理想与现实的距离，成才动力趋于减缓，直至 3 ～ 5 年后平稳发展，6 年后成才指数虽然还是递增趋势，但整体低于入职 1 ～ 4 年的成才指数，说明企业中成才的道路存在波折。通过研究我们发现企业的人才成长一般要经历激情→受挫→迷茫→觉醒→分化→稳定→贡献几个阶段。

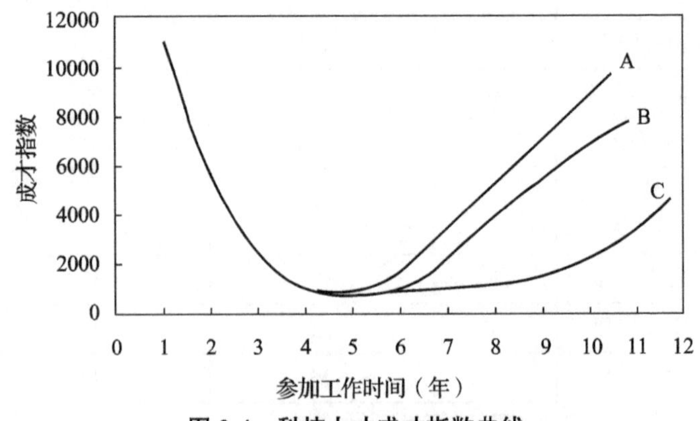

图 3-4 科技人才成才指数曲线

（1）激情。工作 1 ～ 3 年，科技人才一般处于工作的激情阶段，具备较高忠诚度，目标明确，态度积极，专注学习与创新，对前途充满自信与希望，但是缺乏与单位的磨合与抗挫能力。

（2）受挫、迷茫。工作时间 3 ～ 6 年，科技人才具有较高学习创新愿望，受目标受挫等因素影响，对前途感到迷茫，企业忠诚度降低，情绪表现较多为浮躁。

（3）觉醒、分化。工作时间 7 ～ 9 年，科技人才抗挫力和意志力增强，自我定位清晰，目标更加具体实际，形成自己独有的专业知识系统和岗位技能，实现自我价值的愿望更加强烈，并开始分化为不同成才速率、成才指数和水平层次的群体，我们可以划分为 A 类——少数精英科技人才，B 类——科学技术骨干，C 类——表现一般的普通科技人才。

（4）稳定、贡献。工作时间 10 年以上，科技人才随着与企业感情的与日俱增，企业忠诚度升高，目标最务实，静心研究，踏实工作，成为企业具有不同贡献率的创新主体，而成长指数相对较高的 A、B 类科技群体将分别成为企业创新发展的主导力量和中坚力量。

我们通过对科技人才成长规律研究，绘制了科技人才成才的速率曲线图，但需要说明的是，成长速率是科技人才成长的加速度，具有高的成长速率说明该名科技人才更具有成才的优势，并非成才结果。从图 3-5 可以看出，根据科技人才成长速率，基本可以划分为三个类型。

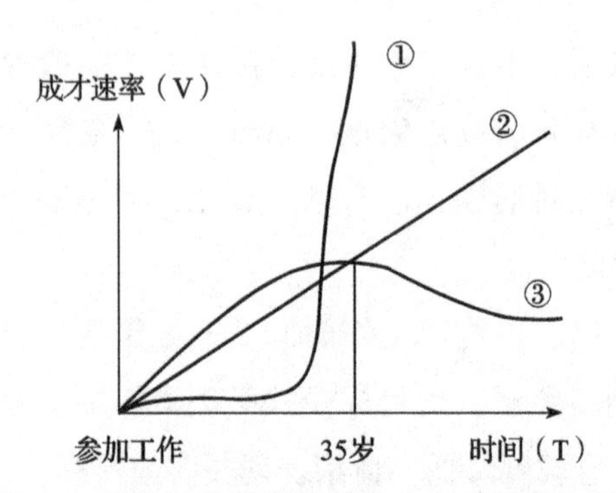

图 3-5　勘探开发研究院科技人才成才速率曲线

注：成长速率是指人才成长具有的加速度，是成才的必要非充分条件，并非成长轨迹曲线。

第一种类型是少数科技人才，一开始就有坚定明确的目标，在 35 岁之前通过个人努力实现了多个优势条件的累积，获得了较高的学术声望，在成长速率上有质的飞跃。

第二种类型表现为持续稳定的上升趋势，有追求目标的恒久毅力，一般大器晚成。

第三种类型是大部分科技人才，在 35 岁以后由于目标动力、体能素质的衰减及职场竞争、家庭压力的增大，成才速率减缓。

由此可见，人才的成长是一个循序渐进的过程，不同类型的人才具有不同的成才轨迹。培养科技人才，既不能拔苗助长，也不能压制，关键是因人而异，因材施教，最大限度地发挥人才身上的特长与潜能，寻找一条适合其自身条件的成长道路。根据一般规律，我们对科技人才分化情况进行了深入研究并分为三类，如图 3-6 所示。

类别	工作表现	性格特点
Ⅰ类（专业拔尖人才）	思维敏捷活跃、关注专业发展动态、善于捕捉新的信息知识，语言表达能力突出，有系统的理论技术研究思路方法、能创造性地独立完成科研生产工作	自信开朗、抗挫力和意志力强，善于沟通交流
Ⅱ类（技术骨干人才）	积极工作，能准确把握领导意图和任务要求，运用现有理论技术解决专业问题，保质保量地完成各项岗位工作任务，具有一定学习表达能力	性格内向，踏实沉稳，循规守矩，缺乏挑战精神，自信心稍显不足
Ⅲ类（一般人才）	基本掌握岗位所需理论技术，在指导下能够完成本职工作，缺乏学习工作新知识的主动意识和创新思维	满足于现状，缺乏自信心、上进心和工作成就感

当内外条件发生变化时，这种分布状态会因群体之间的相互转化而变化

图 3-6 勘探开发研究院科技人才分化情况统计分析（以 2005 年以后毕业的青年人才为例）

其中Ⅰ类（专业拔尖人才）科技人才性格特点是自信开朗、抗挫力和意志力强，善于沟通交流，在工作中思维敏捷活跃、关注专业发展动态、善于捕捉新的信息知识，语言表达能力突出，有系统的理论技术研究思路方法、能创造性地独立完成科研生产工作。Ⅱ类（技术骨干人才）科技人才的性格特点是性格内向，踏实沉稳，循规守矩，缺乏挑战精神，自信心稍显不足，积极工作，能准确把握领导意图和任务要求，运用现有理论技术解决专业问题，保质保量地完成各项岗位工作任务，具有一定学习表达能力。Ⅲ类（一般人才）科技人才的性格特点是满足于现状，缺乏

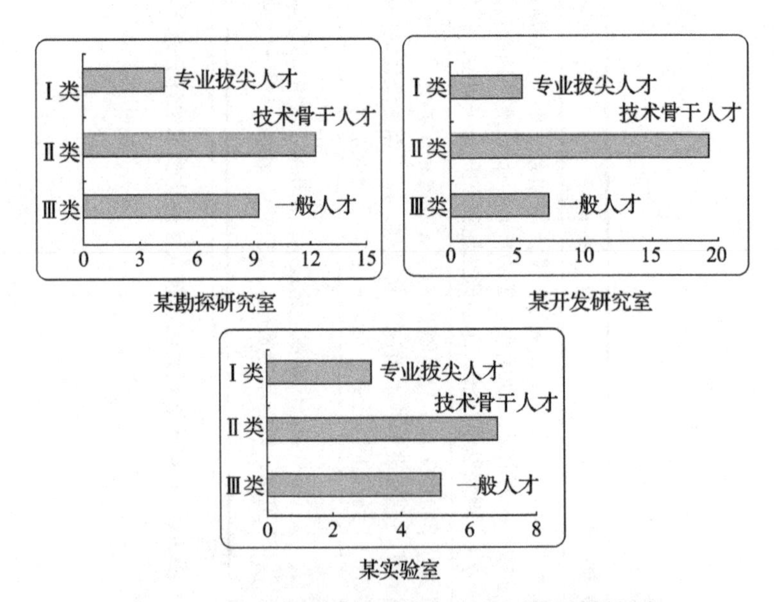

图 3-7　勘探开发研究院科技人才分化情况抽样调查

（以 2005 年以后毕业的科技人才为例）

自信心、上进心和工作成就感，在工作中基本掌握岗位所需理论技术，在指导下能够完成本职工作，缺乏学习工作新知识的主动意识和创新思维。

为了验证这种分化在不同专业系统内是否具有普遍性，分别对勘探开发研究院勘探、开发、实验各大系统进行了随机抽样调查，结果表明，分化现象普遍存在，如图 3-7 所示。

3.4　石油科技人才队伍建设中存在的问题及原因分析

3.4.1　人才培养和团队建设中存在的问题

（1）人才培养的针对性有待加强。从勘探开发研究院科技人才的基本特征和成才规律来看，处于不同阶段、不同群体的科技人才自身发展需求有很明显的区别，需要的措施、平台和载体也各不相同。但目前推出的“导师带徒”“科技创新创效”等培养措施，面对的是所有勘探开发研究院科技科研人员，针对性不够强，对处于磨合期的科技人才可能门槛太高，容易打击他们的自信心和积极性，对精英科技群体的门槛又可能过低，不利于激发他们的创新热情，导致近年来在人才培养上投入了大量的人力、物力，但并未达到令人满意的效果。

（2）人才团队培养的整体措施不完善。从勘探开发研究院科技人才的基本特征和成才规律来看，科技人才的成长应该是连续的。但目前在人才团队的培养上，侧重于科技领军人才的培养，而对于尚在成长阶段的科技科研人员，培养措施规划尚不完善，职业发展引导较少，多依赖于他们自我加压、自我成长；此外，培养措施具有点状和随机性的特征，对科技人才培养效果未进行及时的评价和跟踪。这些问题都导致科技人才成长进程的停滞。

3.4.2 人才培养及团队建设问题成因

（1）目前勘探开发研究院虽然推出了“导师带徒”“科技创新创效”等培养科技科研人员的措施，但是没有对科技科研人员发展的时间、空间规律进行深入的分析，没有对不同阶段的科技人才需求与特点进行分类，进而没有针对不同的发展阶段制订相应的培养措施，科技人才的培养需要充分考虑人才之间的差异性，如果忽略了对这些规律的分析与应用，必将带来人才培养的盲目性。

（2）目前勘探开发研究院在人才团队的培养上，侧重于科技领军人才的培养，而对于尚在成长阶段的科技科研人员，有针对性、有目标性的措施规划尚不完善。对于这部分科技科研人员，需要根据其年龄阶段、发展现状进一步划分不同的区间，对其未来的发展定位也要有所不同，并根据不同的区间与定位进一步制订细化的培养措施，同时，进一步建设不同阶段科技人才的成长平台。此外，没有建立相应的培训效果跟踪机制，对培训效果未加以考核，培训所讲授内容也未在实际应用中加以巩固，影响了培训的效果，造成了培训资源的浪费。

4

科学系统的战略规划对策研究

4.1 现状概况

我国的人才管理基本还停留在传统的层面上，未能顺应战略型人才开发与管理的趋势，阻碍了我国人才资源的发展。传统的人才管理存在的问题主要体现在以下四个方面。

（1）对人才资源的重要性认识不够，仅仅停留在源头上重视，还没有从思想、行动的根本上认识到人才资源对组织，乃至整个国家发展所起的至关重要的作用，人才被埋没、人才被浪费、人才被压制的现象仍然存在。

（2）对人才的开发是反应型的，等到问题出现，造成一定的后果，才被动地采取应对措施，而不是预见性、战略性地制定出人才开发战略对策。

（3）人才开发是零碎型的，非整体型，人才开发的对象少，开发的手段单一，开发的内容单调陈旧。

（4）不少已制定的人才发展战略中，主观人为的因素多，客观科学依据少，与组织发展的全局战略相脱离，缺乏生命力。

人才战略管理既适应全球知识竞争的加剧趋势，又顺应了“以人为中心”的21世纪管理潮流，并且它还直接针对着中国长期存在的忽视人才管理、忽视人才在组织发展和管理进步中的作用等问题。因而，正处在社会经济转轨和体制改革深化关键时期的中国如何从人才资源入手，对组织内部管理体制进行全面变革，实施战略型的人才资源管理，将成为组织取得改革成功的关键所在。人才发展战略对人才发展来说，起着一种提纲挈领的作用。在人才发展战略管理过程中，人才发展战略的制定是最重要的内容和环节，处于核心地位，能否选择和制定一个好的合适的发展战略，这是关乎人才发展事业成败的关键。

4.2 发展战略

确定发展战略是为今后石油科技人才的发展确定基本方向和主要步骤，确定一个大纲，把握石油科技事业发展的脉搏，高度概括，对石油科技发展面临的形势进行认真分析总结，针对战略的需要，制定石油科技人才国际化战略、人才存量提高战略。

（1）人才国际化战略。一是积极参与国际石油科技研究的工作，把一大批石油科技专家推向国际舞台，使其掌握国际石油科技和管理的发展动态。二是在人才培养、使用、激励、考评机制上与国际接轨。三是“请进来，走出去”为石油科技人才学习国际先进知识技术提供机会。四是加强石油科技国际合作队伍建设，建设一支高素质的石油科技外事外经队伍。

（2）人才存量提高战略。一是要构筑坚实的高层次石油科技人才培养基础。二是大力强化岗位培训，提高现有人才的素质。三是适应社会主义市场经济的需要，加强产学研相结合，培养具有综合素质和能力的人才，鼓励人才创新。四是“引凤入巢”，吸引高层次学历、高技术水平、石油发展急需的其他行业和海外人才。

4.3 重点举措

4.3.1 加大石油科技人才开发投入力度，提高人才资本存量

石油企业应设立人才开发专项基金。第一，用于资助石油科技人才资源开发、利用的重大研究项目；第二，奖励为石油科技事业发展做出突出贡献的优秀人才；第三，改善高层次人才、优秀人才的生活待遇和工作条件；第四，从国外引进我国石油科技事业发展急需的人才。

4.3.2 建立健全人才开发运行机制

健全的人才开发运行机制包括：一是人才选拔评价机

制。凭能力用人、凭业绩用人、凭公论用人，营造优秀人才脱颖而出的良好氛围。二是激励竞争机制。要实行竞争上岗、公开招考等制度，将人才的学习培训、考核与使用、待遇结合起来。通过市场来确定人才的价值，以业绩来评定人才。三是人才流动机制。要放宽对人才自由流动的限制，打破所有制限制、身份限制，促进人才的合理流动，合理配置。四是用人机制。赋予各用人单位以用人自主权，根据本单位的所需决定是否要用人，要用什么样的人。用人要注重绩效，要公开、平等、择优、双向选择，形成富有生机和活力的用人环境。

4.3.3 调整石油科技专业技术人才结构，努力抓好专业技术人才的培养和使用

首先，要紧密结合石油科技行业经济结构的调整，逐步优化专业技术人才结构。要科学规划、准确选择石油科技专业技术人才发展的学科、专业生长点，进一步拓宽学科分布，使专业技术人才队伍的专业结构、产业结构、区域分布结构和年龄结构能适应石油事业发展、产业化发展的需要。其次，通过实施“科技精英工程”，努力解决石油科技行业专业技术人才的年龄断层和老龄化问题，使整个人才队伍进一步年轻化。最后，进一步加大投入，改善专业技术人才的工作条件和生活待遇。

4.3.4 大力培养复合型的石油科技人才，强化责任的激励机制

建设一支懂技术、善管理、开拓能力强、能带领企业参与国际、国内市场竞争的石油科技管理人才队伍，首先应强调教育培养，提高复合型经营管理人才培养的质量与效益。其次应拓宽人才的成长机遇，结合重大石油科技工程项目，让他们担重任，挑大梁，在实践中培养、锻炼人才。

5

构建精准的石油科技人才开发机制和培养体系

企业的可持续发展是以人才的可持续发展为根本的。要建设国际领先的石油科技人才队伍，必须把培养可持续发展的人才作为战略任务来抓，而培养可持续发展的人才，必须要建立科学的人才开发机制。

（1）大力培养可持续发展的人才。所谓可持续发展的人才就是符合科研生产需要的、全面和谐发展的，能够很好地处理人与人、人与团体、人与单位的关系，思想境界高，人格健全，心智完善，知识结构合理，具有学习能力和创新精神的人才。培养可持续发展的人才既要提高专业技术水平，也要提高思想道德素质；既要提高科学素养，也要提高人文素质；既要提高知识水平，也要提高执行能力。

（2）人才培训制度化、规范化、科学化。完善培训制度，强化宏观管理；开展培训需求调查，细化培训方案；不断优化培训内容，改进培训方式；改造培训流程，突出个性化，增强针对性。要研究各类人才培养规律，科学制订人才培养计划和措施。按照优秀人才加强培养，紧缺人才抓紧培养，骨干人才重点培养，后备人才超前培养的原则，舍得投入，切实加大培养力度，建立持续培养、跟踪培养和重点培养、择优培养相结合的高效培养机制。

（3）按类别、分层次、多渠道培养人才。针对三支队伍不同岗位层次的人才和人才群体特征，结合勘探开发科研生产需要，建立不同的培训服务体系，因材因需施培，拓宽培训渠道，高效利用培训资源，加强培训考核监督，确保培训效果。在专家层面，委以重任、放手使用，使其领衔承担重大课题项目或负责关键技术组织攻关，积极参与国内外学术技术交流、培训和考察，不断提升创新能力和综合研究水平。在后备人才层面，通过建立“导师带徒”“技师带徒”等制度，在科研实践中对优秀人才进行传帮带。推进深度培训，加强科研骨干学历学位再教育，大力开展技术竞赛、技能比武等活动，以赛促学。

（4）建设不同层次的人才储备体系。高层次人才要形成梯队，建设国家级、省部级、局级、院级专家队伍，形成结构合理、后备力量充足、递进发展的人才梯队。对骨干人才，要实行“AB”式管理，譬如，一个研究室的油藏工程专家后面必须有“影子专家”，这样就形成了骨干人才“AB”式储备，可以应对人员变化带来的风险。要保持应届毕业生适当的年增量，使人才增量与人才自然递减相适应，避免出现新的人才断层。

5.1 构建“领军人才—后备人才—科技人才”成长链

培养和造就一批又一批优秀科技人才，是石油事业健康发展的源泉。加快推进石油科技人才成长，必须建立符合人才成长规律、适应改革发展大局、保障事业发展需要的成长链条。

5.2 领军型石油科技人才队伍建设对策

千军易得，一将难求。领军人才特别是科技领军人才，在人才资源中尤为宝贵。综观世界科技发展史，一位杰出的领军人才，可以带动一个学科，甚至一个产业突飞猛进，可以创造国内、国际领先的重大科技成果，可以催生具有强大竞争力的企业。探索领军人才的成长特点、成长规律和成长途径，大力培养和造就石油科技领军人才，对于推动石油企业的长远发展具有十分重要的意义。

5.2.1 领军型石油科技人才典型特征

科技领军人才主要是指在某个领域的科技发展中做出卓越贡献，并处于领先地位，起到某种引领和带动作用的高端人才。他们是新技术的发明者、新学科的创建者，是科技新突破、发展新途径的引领者和开拓者，同时也是一个创新团队的组织者、领导者。

领军人才的成长是内在条件和外部环境的综合效应，领军人才由普通人才发展而成，其成长过程既符合普通人才的成长规律，又有自身的特点。

领军人才有着较高的内在素质，主要表现在以下 4 个方面。

一是具有高目标的成就动机。他们把科学技术研究目标确定在世界的、先进的、前沿性的一些科研项目。二是具有优化的智能结构体系。他们的知识结构往往是三层次的、蛛网式的知识结构：知识结构内核层是由本专业的前沿知识构成，中间层往往是相关学科的综合知识构成，知识结构的外围层则由基础知识、外语知识、计算机知识构成。三是具有坚韧的个性心理品格。他们意志坚定、有毅力，经受困难、忍受挫折的心理承受能力比较强。四是具有独特的人格魅力，也就是领军的魅力。领军人才的感召力、影响力往往使他的团队群体产生一种心悦诚服的心理认同感。

领军人才成长的外部环境主要表现在有活跃的学术交流环境、民主的文化氛围、鲜明的政策激励、稳定的条件保障等。第一，领衔或参与领先性、前沿性的重大科研项目是领军人才成长的实践条件；第二，优化的创造实践活动空间是领军人才产生的内部机理；第三，创造实践活动的自主控制权是领军人才增长才干的助推动力；第四，结构合理的科研群体是领军人才涌现的支撑平台。

科技领军人才需要具备以下内涵要素：一是创新性。科技领军人才必须极具创新精神，攻关方向为理论技术前瞻性或生产实践瓶颈性问题，其科研成果在本领域、本行业具有重要意义。二是层次性。科技领军人才有不同层次之分，高层次的一般指科学家、院士等，在一定单位、部门中，一般指知名度高的创新团队或重大项目的负责人。三是多样性。科技领军人才是多类型的，既有基础研究型，又有设计研发型，还有技术应用型。四是引领性。科技领军人才与创新型科研团队相伴共生，科技领军人才不仅是团队一般意义上的领导者、管理者，也是团队的核心和灵魂人物。

科技领军人才高于技术尖子，是本行业、本领域公认的杰出人物，出类拔萃，学有专长，术有专攻。在科技创新中，领军人才常常起着决定性作用。一个杰出的领军人物，往往能够带动一项重大技术的突破，乃至一个学科、一个产业的兴起。科技领军人才的作用地位突出表现在以下三个方面：一是引领作用。科技领军人才的创新实践在一个领域、一个行业具有巨大的引领作用，产生重大影响。我国如果没有钱学森等一批著名的火箭专家，我国的导弹、运载火箭和航天技术不可能取得迅速的发展。二是辐射作用。科技领军人才能产生较强向心力和凝聚力。一个单位、一个团队有了领军人物、有了知名度，便能产生巨大的向心力、吸引力，能够吸引、聚集各种优秀人才，为共同的目标拼搏奋斗。三是传承作用。在影响带动新人方面，科技领军人才往往能发挥重要作用。英国卡文迪许实验室教授汤姆逊和卢瑟福，就先后培养出 17 位诺贝尔奖获得者。根据科技领军人才层次结构性的内涵要素，企业科技领军人才主要可分为三级，一是本单位的顶尖科技人才；二是本单位下属单位的杰出科技人才；三是基层单位优秀科技人才。

5.2.2 领军型石油科技人才存在问题

目前，企业的科技领军人才开发是人才队伍建设中一个相对比较薄弱的环节，尚未建立较为清晰、完整的科技领军人才开发模式，许多政策措施还处在摸索阶段。在探索建立科技领军人才开发模式中，目前存在以下几方面亟待解决的问题。

（1）激励机制不完善。科技领军人才同本单位其他岗位相比，其薪酬具有较为明显的优势，但相对于其所做的贡献和发挥的作用而言，激励力度仍有待加强，不利于充分激发领军人才的工作热情。

（2）培育环境需改善。目前学术交流的载体和方式不够丰富，主要以参加交流会、听讲座、作报告等为主，以领军人才为主导的定时、定期的学术交流长效机制需要进一步健全。随着企业的不断发展，不同专业间的交叉融合将越来越紧密，如何建立起不同单位、不同领域领军人才之间交流共享的平台，也是亟需解决的问题。

（3）队伍建设需加强。多数企业都存在科技领军人才缺乏的问题，科技领军后备人才不足，特别是在40岁以下领军人才培养选拔上，还需要进一步加大力度。

5.2.3　领军型石油科技人才开发对策

基于对上述研究成果的认识，科技领军人才开发必须打破现有的体制机制固有模式，给予领军人才特别的机会和政策待遇，建立特殊的人才开发模式，为此，提出并探索建立以“人才特区”为核心的领军人才开发模式。

人才特区又被称为人才管理改革试验区，是一个缘起于中国的新生事物，在国外并没有完全一致的专门表述和相对应的研究成果，国内的相关研究也刚刚起步。关于人才特区的内涵，目前国内主要有三种较有代表性的观点：一是特殊区域说。即人才特区指的是人才工作的特殊区域，在这一特定区域内，人才工作的政策保障、体制建设、机制运行、资金投入、环境营造和工作内容、工作模式等，比区域之外具有更大的优先性和特殊性（赵永贤，2005）。二是示范窗口说。即人才特区就是推动人才优先发展的示范窗口，其具有优先改革权和试验权，能突破现有人才政策体制限制，营造与国际接轨的人才环境（吴江，2011；苗月霞，2010）。三是创新试验说。即把人才特区理解为以实现人才发展为目标，以人才及相关要素为主要对象，以开展特殊政策创新、突破、试验为主要任务的特定空间

（汪怿，2011）。

5.2.3.1 特殊的科技领军人才选拔机制

（1）健全内部选拔使用机制。建立公平、公正并兼具创新性的领军人才选拔机制，严格按照专业配置、学术水平、重大获奖情况等指标实行综合评价。加大对特别优秀人才的破格选拔力度，创新选拔理念，通过优先培养、推荐深造、优先聘任、破格聘任等举措，真正形成“凭实绩论英雄”的良好氛围，不拘一格选人才。

（2）大力引进外部高端人才。突出高端引领，着力于战略需要引才聚才，出台极具竞争力的领军人才引进政策，培养引进一批一流科学家、领军人才，重点引进行业内知名领军人才，注重引进海外高层次人才和创新团队，不断推进理论和技术创新。

（3）加快科技领军人才培养。改变科技人才只有“当官”才能事业有作为的“官本位”思想，破除“论资排辈”“求全责备”等思想障碍，加大选拔力度，坚持以用为本，以业绩和能力为导向，重学历但不唯学历，重资历但不唯资历，对思想品质好、业务水平高的科技人才进行大胆任用，推进领军人才年轻化。

（4）全面构建人才竞争体系。全面盘活科技领军人才竞争机制，加大竞争力度，通过竞争发现、培养、使用、成就人才，使想干事的有机会，能干事的有舞台，干成事的有位子。

5.2.3.2 特色的科技领军人才培养机制

（1）搭建精尖高端的研究平台。根据领军人才研究领域和专业特长，结合岗位工作需求，为领军人才制订个性化的培训方案，通过承担或主持国家重大专项、集团层面课题项目等多种方式，为各层次专家施展才华抱负搭建广阔平台，着力培养造就一批攻关能力强、创新能力强、组织能力强的领军人才。

（2）实施逐新求异的评价体系。科技领军人才主持科研项目必须逐新求异，要设立以支持逐新求异为宗旨的科技创新引领发展基金，建立以逐新求异为导向的认可评价体系制度，把有没有创新，有没有立异作为项目立项、成果认可或是否给予继续支持的重要依据，作为是否为其提供创新舞台的重要前提，实行倾斜性的认可与激励政策。

（3）打造科技领军人才“支持团队”。强化领军人才所属科研团队建设，根据领军人才专业特长和研究领域，为其配备素质优良、结构合理的人才团队，充分发挥领军人才技术优势，提升科研攻关水平；充分发挥领军人才育人作用，培养高素质高水平的后备人才。

5.2.3.3 特有的科技领军人才交流机制

（1）丰富“头脑风暴”学术活动。在完善目前专家论坛、精英讲座等学术交流平台的基础上，按照专业方向建立学术小组，围绕前沿攻关方向，组织以探讨、辩驳为主要内容的讨论会等学术沙龙活动，在相互学习和相互交流过程中激发创新思想。

（2）组建“专家汇智会诊”系统。建立由本单位或外单位高水平专家组成的评审专家系统，吸引外部高层次科技专家，共同开展高水平的合作研究，为今后从智力引进向人才引进的转变打下坚实的基础。

（3）加强国际学术技术交流。鼓励领军人才在国际和国内顶级刊物上发表高水平学术论文，提升科技领军人才的行业知名度和学术影响力。

（4）营造开放包容创新氛围。加强软硬件环境建设，营造良性、平等、开放、和谐的科研氛围；加强学习交流，倡导相互取经，共同进步提升；建设团队文化，凝心聚力，激发科技领军人才创新创效的积极性。

5.2.3.4 特别的科技领军人才激励机制

（1）构建科学评价机制。在深入研究科技领军人才特点的基础上，探索建立科学评价激励体系，由市场、专家和群众对其业绩进行评判，对市场满意度高、专家认可度高、群众认可度高的领军人才实施切实有效的物质激励和精神激励措施。

（2）强化市场薪酬激励。科技领军人才薪酬水平除了与相应管理职级对应外，还应与市场价格水平接轨或挂钩，有利于引进和留住科技领军人才。

（3）加快知识产权转化。鼓励科技领军人才以知识、技术、产权等参与分配，大胆探索和实践科技成果转化的分配形式，将年薪制、承包制、利润分享、技术入股、红利扩股、股份期权等多种形式结合起来。

（4）推进自主管理激励。允许科技领军人才打破编制、资历等条件局限，自由组建专、兼职创新团队，享有在研发立项、设备购置、经费使用等方面的支配权和主导权，便利地使用科技文献资料、数据信息库等基础设施平台，确保自主管理机制顺利运行。

5.3 后备型石油科技人才队伍建设对策

后备型石油科技人才队伍是石油企业战略的重要支撑。当前，随着中国石化等国企改革的不断深化，企业产权结构多元化、治理方式科学化、管理手段现代化、行业分布多极化等新特点日益凸显，对石油企业科技后备人才队伍建设提出了更高要求。如何坚持源头管控、动态管理，为优化人员队伍结构提供支撑和保障，是当前一个时期加强后备型石油科技人才队伍建设的重要课题。

5.3.1 当前后备干部队伍建设存在问题及原因分析

（1）思想认识存在误区。一方面，不少企业认为中层领导后备干部培养就是把业绩好的员工挑出来，仅仅通过“冰山模型”中“冰山显露的部分”来挑选，忽视了深藏的“冰山以下部分”，片面认为在具体业务方面能够取得优异业绩的员工就适合当领导，可能导致“少了一名优秀的业务骨干，多了一名不称职的领导干部”的“双输”现象；另一方面，很多企业认为中层领导后备干部培养就是一种岗位或职务的“人盯人”，导致被盯者存在心理防备，主观上不会积极培养后备人才。再者，有些国有企业对人的管理理念仍然处于管理阶段，没有真正纳入资本理念，缺少资本投资回报分析，未结合人力资本个体的差异性和能动性进行培养，导致培养效果不理想。

（2）选拔过程不够科学民主。中层领导后备干部的选拔事关企业未来的发展，但现实当中依然存在后备干部选拔缺少科学性和民主性的现象。一方面，在选拔过程中存在选拔标准不明确、推荐选拔范围较狭窄、选拔方式不够公开、员工参与度不高等问题，使后备干部选拔使用蒙上了“封闭式”“神秘化”的色彩，导致选拔使用后备干部的公信度不高。另一方面，中层领导后备干部选拔缺少合理规划，导致选拔结果存在人员类别结构分布不合理的现象。例如，某些岗位的中层领导干部急缺，但却没有相应的后备干部选拔；有的岗位中层领导干部人才济济，但是依然选拔储备了大量后备人才，导致后备人才长期备而不用。

（3）培养方式缺乏针对性。有的企业在中层领导后备干部培养过程中，一方面，针对性不强，仅仅是任职后的上岗培训，存在培训内容单一的“一锅煮”现象，缺乏分类指导和因人而异的培训。培训方法依然是大课堂、填鸭式教育，培训形式相对机械单调，缺少针对性和特色化。另一方面，有的企业在中层领导后备干部培养过程中重选拔、轻管理，把主要精力放在选拔过程。当选拔工作结束后，只是将选拔出来的中层领导后备干部派到培养单位，然后就不再过问，管理存在粗放现象。

（4）缺乏动态管理。有的企业缺少对纳入后备人才库的中层领导后备干部在思想、能力、作风等方面的跟踪考察和定期综合评价。即便有综合评价，也是碍于情面给予较高评分，造成“高分低感受”现象。同时，有的企业对后备人才库的管理“只进不出”，缺乏“优胜劣汰”的竞争激励机制，对综合考评一般或不称职的人员没有及时调整；对综合表现优秀但还没有被纳入队伍的人员也没按规定程序补充，没有营造一种“能者上、庸者下”的干部选拔任用氛围，容易造成人才埋没甚至流失。

（5）选用结合不强、备而不用。企业中层领导后备干部队伍的建立，目的是作为现任中层领导干部的备用梯队，在中层领导干部岗位出现空缺时，应首先考虑从中层领导后备干部队伍中选拔使用。但是有的企业在后备干部优先使用方面，不同程度地存在落实不到位的情况。

5.3.2 后备干部建议

（1）总揽全局，着眼未来，规划建设一支庞大的后备干部队伍。全面建设小康社会和构建社会主义和谐社会，需要各类各样的干部人才。建设一支素质高的后备干部队伍，是领导干部队伍充满活力的根本保证，必须从战略的高度，有意识、有计划、有组织、全方位地进行选拔和培养。一是要科学预测，合理规划。对各层次、各行业领导干部队伍逐一排队分析，调查预测，确定后备干部总数，建立一支以不同层次、不同年龄的党政后备干部为主线，以不同类别的科技专业人才为补充的后备干部队伍。二是要建立后备干部人才库。包括各种、各类人才：在门类构成中，既有党政领导型人才、经济管理型人才，又有科技专业型人才；在层次构成中，既要有科级后备人才，还要有股级以下初级后备人才；在梯次构成中，既有近期即可顶上去的较为成熟的“应用型”领导人才，又有面向21世纪的“储备型”人才。三是要及时补充，保证质量。为了使后备干部队伍起点高、质量好，必须定期对后备干部进行筛选，有进有出，滚动管理，使后备干部队伍始终保持数量足、结构好、活力强。

（2）扩大视野，拓宽渠道，努力创造公开、平等、竞争、择优的用人环境。树立公开、公平的观念，扩大选人视野，拓宽选人渠道，引入竞争机制，形成有利于优秀年轻干部脱颖而出的社会环境，是新形势下改革干部人事制度的一项重要内容。要做到实行民主，搞好两个结合：一是组织选拔与群众推荐相结合。要坚持群众路线，推荐后备干部生活在群众之中，其是否德才兼备，群众了解得最直接、最客观、最清楚。因此，坚持群众推荐，可以避免经验主义和局限性带来的弊端。二是推荐与自荐相结合。

培养选拔后备干部，需要党组织和社会各界的推荐，同时应提倡科技干部毛遂自荐，使推荐和自荐有机结合起来。

（3）坚持实践育人，按绩选人，促进后备干部走向成熟，把后备干部安排到比较艰苦、比较重要的岗位上去，让他们在实践中品味酸甜苦辣，磨炼他们的意志。给位子、压担子，放手让他们去干、去闯，使他们在实践中探索工作方法，积累成功经验，提高领导能力，全面增长才干。进行多岗位交流，提高综合素质。把长期在机关缺乏基层工作经验的后备干部交流到基层锻炼；把长期在基层工作的后备干部交流到上级机关锻炼培养；把长期在业务处室工作的后备干部交流到综合处室锻炼。

（4）知人善用，量才使用，合理安排，有利于后备干部施展才干。在体制改革和社会转型时期，勇于改革、敢于创新的人，往往会因种种原因而引起争议，我们要敢用有争议的能人，客观公正地去衡量，根据业绩来评鉴，看主流，看发展方向，不求全责备，不以偏概全。只要没有原则和本质问题，就要大胆启用，尤其对那些才能和缺点都比较突出的"两头冒尖"的干部，应当使其"长有所用，短有所制"。让这些科技后备干部在开拓进取中逐步老练、成熟起来。

（5）完善制度，加强管理，形成有利于后备干部队伍梯次推进的良性循环机制。树立标本兼治的观念，从制度入手，兼顾中、远期干部队伍建设规划，注意梯次配备的结构完整，形成一整套科学合理的干部考核、管理体系。一是完善培训机制。按照系统化、规模化、制度化的要求组织培训。在培训内容上，既要加强马列主义、毛泽东思想、邓小平理论的培训，又要强化社会主义市场经济知识、现代管理知识和现代科学技术知识的培训，不断提高年轻干部担当改革开放和现代化建设领导重任的内在素质。在培训形式上，坚持专题培训与委托大专院校培训相结合，课堂教学与实践考察相结合，多形式、多渠道地组织培训。在培训管理上，通过研究市场经济体制下后备领导人才工作的规律和趋势，一方面建立健全必要的规章制度，加强对培训工作的宏观管理，另一方面坚持在培训中选拔，把后备干部的选拔、培训和使用有机结合起来。二是完善考察机制。广泛使用民主推荐、民意测验的方法，岗位目标责任制的考察方法，以及动态考察、跟踪考察的方法等；对干部的评鉴使用定性与定量相结合的方法，进一步提高对干部评鉴的准确程度。三是完善“吐故纳新”机制。对年龄偏大的后备干部，要及时调整，补充后备干部，促进后备干部队伍的年轻化。

5.4 青年石油科技人才队伍建设对策

5.4.1 三维目标化青年科技人才培养体系

为了完善青年科技人才培养体系，我们提出了建立三维目标化青年科技人才培养体系（见图 5-1）的思路，即时间维度（X 轴）、梯次维度（Y 轴）和能力维度（Z 轴）共同作用，有针对性、目的性地全面提升青年科技人才能力素

质，加快发展步伐，提高发展质量。

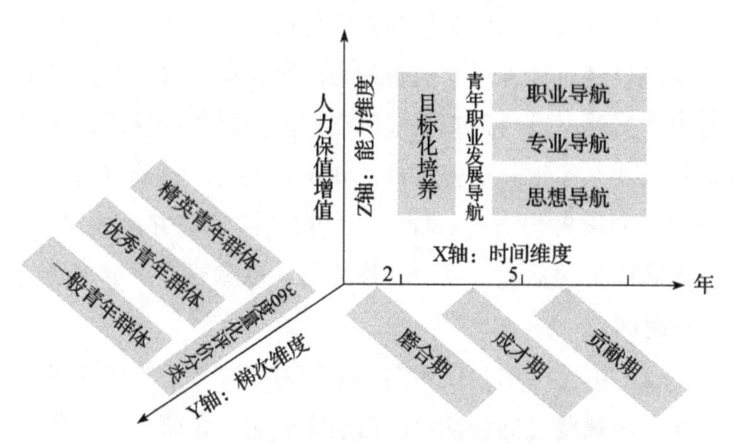

图 5-1　勘探开发研究院青年人才三维目标化培养机制

5.4.1.1　时间维度（X 轴）：人才培养区间划分方法及目的意义

根据勘探开发研究院青年成才的周期性规律，如果在青年成长成才过程中，始终给予正确的目标引导，在不同成长周期制定有针对性的措施为其发展注入动力，就能帮助青年避免走进误区，少走弯路，加快成才的步伐。于是，我们探索将青年科技人才划分为“磨合期—成才期—贡献期”三个成长阶段，并分析了每个阶段的青年科技人才的特点、优势短板和发展需求，并以此为依据，突出不同阶段培养侧重点，制定相应的培养对策，依托青年职业发展导航，细化阶梯培养措施，努力提升青年人才培养的效率与效益。

（1）第一阶梯：磨合期。指进入研究院 1 ～ 2 年的新引进青年人才，这一时期是青年价值取向、知识结构与企业发展战略、精神观念的碰撞与磨合时期，自身专业理论与岗位实践所需要的知识经验出现不相适应的情况，迫使青年人才必须重新审视自身的知识与能力，以确定自己需要学习的内容与方向。同时，尽快适应环境并融入团队，与团队成员构建起良好的合作关系，也需要有一个平稳的过渡时间。

（2）第二阶梯：成才期。指针对工作 2 ～ 5 年的青年人才。平稳度过磨合期后，已初步熟悉了科研生产工作流程和基本方法，如何快速拓展思维视野，实现理论经验积累，锤炼技术专长，以使自身理论知识系统化、技术特色化成为青年人才的迫切需要。这一时期也是提升青年人才培养效果的黄金时期。

（3）第三阶梯：贡献期——勇挑重担竞潮头。指工作 5 年以上的青年人才。经过长期磨砺，青年人才有了自己的“技术利器”，自然要有“用武之地”，这一时期青年人才开始追求自我的价值实现，在科研生产攻关啃硬中获取成就感，渴望形成自己的创新成果，创造经济效益的创新发展时期。

5.4.1.2　梯次维度（Y 轴）：人才群体划分方法及目的意义

共青团目标价值管理是将现代企业“目标管理”的理论与方法运用于团青工作实践，以“目标价值”为导向，通过定量与定性评价体系，以“青年分类”为基础，进一步引导油田各级团组织优化组织资源配置，努力实现共青团组织资源创造价值最大化的具有胜利共青团特色的精细管理模式。借助这一平台独具特色的四维度青年量化评价方式，利用其已经实现的信息化、网络化、数字化方法，对青年进行“量化分类”，从而实现有针对性的培养。

共青团的目标价值管理系统的核心内容之一是其科学量化分类模块。在该模块中，各三、四级团组织已经组织对全院45岁以下青年进行了信息采集，在此基础上，我们可以依托油田共青团目标价值管理系统对青年人才进行360度量化评价，并进行客观科学的分类。

360度全方位评价包括：

第一步，自我评价。即青年对自我思想状态、专业技术工作、岗位成果等进行全面审视和评估，进行自我反思与定位。

第二步，系统评价。系统对青年基本信息进行甄别，并自动评价，主要是对青年学历、职称、岗位层级、技术等级等进行技术水平与能力的鉴定。

第三步，主管评价。基层单位成立由党政工团负责人和青年技术骨干代表组成的赋分领导小组，对青年人才的工作表现、重要履历和岗位贡献等进行定性评价。

第四步，量化评价。对青年的工作任务完成率、成果业绩、荣誉奖励等进行量化赋分评价，以确定青年人才的企业贡献度和价值实现情况。

结合勘探开发研究院的青年成长现状，为了便于分类和保持良好区分度，将青年分为精英青年、优秀青年和一般青年三类。具体分类标准如下：

（1）精英青年群体：总分 90 分以上；

（2）优秀青年群体：总分 70—90 分；

（3）一般青年群体：总分 70 分以下。

将青年“量化分类”可以达到两个目的，一是用科学客观的测评方法对青年的素质能力进行全面评估，为分析其能力业绩、专业特长、性格优点等成长优势条件提供了可靠依据；二是区分不同层次青年群体，制定培养目标，构筑起分类目标化培养模式。

5.4.1.3 能力维度（Z 轴）：目标化培养思路与方法

在时间维度（X 轴）上，使青年个人培养更具针对性和个性化，着重引导青年走适合自己的成长轨道，少走弯路，提高成才速率；在梯次维度上，使青年群体培养规划更科学、资源配置更优化，达到培训资源的集约化、标准化和培养手段的信息化、程序化。提升青年科技人才在能力维度（Z 轴）的成长必须从整体上考虑时间维度（X 轴）上人才发展的阶段性特征和梯次维度（Y 轴）上人才发展的梯次性特征，对不同培养阶段的青年，进一步“量化分类”，开展青年职业导航，根据其所处的群体特征提出更有针对性的、目标性更明确的培养方案，促进人才素质能力和创新水平的综合提升，进而实现人才的保值增值，达到青年人才培养目标化、精细化、个性化的目的。

总体上看，时间、梯次、能力三个维度的青年科技人才培养体系是一个有机整体，该体系的构建对于研究院青年科技人才的目标化、科学化、系统化培养具有重要的理论和实践意义。整个体系的各个维度协同统一、相互促进、有序运转，成为青年人才培养的强力引擎。

5.4.2 基于时间维度的“磨合期—成才期—贡献期”阶梯式培养机制

5.4.2.1 “磨合期”培养原则及方法

根据“磨合期”青年科技人才的特点和成长需求，该阶段的培养应引导青年人才加快角色转型，提升职业素养，加强企业传统和价值观教育，培养企业忠诚度，着力开展以“拜师学艺夯根基”为特色的综合培养。通过政治学习、主题教育、典型示范、素质拓展、思想访谈等活动，加强对青年人才的思想引导和理念引领，促使其深入学习继承胜利地质优良传统作风，积极接受、深刻理解胜利地质精神实质并将其自觉内化为工作驱动力，进而激发青年科技人才自我提升和发展的积极性，为企业发展提供源源不断的源动力。在培养方式上，应注重把握青年人才尤其是80后、90后的思想特点，避免“宣贯式”“说教式”“单一化”的教育方式，采取引导式、体验式、互动式的思想教育方法，提高教育引导的实效性。以胜利地质优良传统作风和新时期地质精神为内核，大力塑造崇尚创新、富有活力、昂扬向上的青年特色文化，积极开展青年喜闻乐见、丰富多彩、寓教于乐的青年文化活动，在“润物无声”和“潜移默化”中实现向青年进行文化价值和精神理念的传递与渗透，引导青年坚定理想信念，树立远大目标，增强胜利地质归属感；同时加大青年典型的示范引领作用，以身边的人和事持续感动和感召青年人才，加强传统优良作风教育和职业素养培训，培养青年人才谦虚好学、孜孜以求的学习作风，敬业奉献、潜心研究的职业精神和严谨求实、锐意创新的科研风格。同时应及时把握青年思想脉搏，强化青年思想动态调研分析，敏锐把握苗头性、倾向性问题，建立常态化的青年人才政治理论学习机制，团结带领青年坚定政治立场，维护好青年人才队伍的稳定（见图 5-2）。

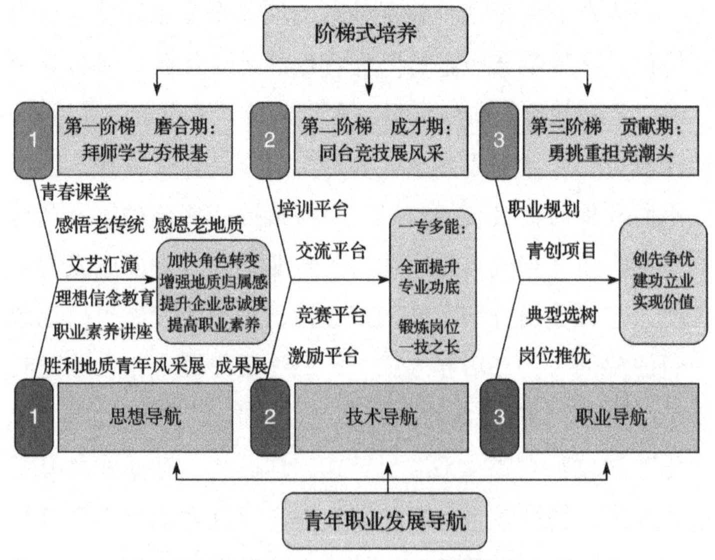

图 5-2 “阶梯式”人才培养模式诠释

5.4.2.2 “成才期”培养原则及方法

青年人才要在科技创新中勇站头排，提升自身的独特价值和核心竞争力，必须形成自己的技术优势，在技术攻关中，成为“尖刀”人才。就是既有尖锐的“锋”，又有厚重的“刃”的创新型、攻关型人才，“尖锋”是指在专业领域具有一技之长，对本专业难题剑锋所指、攻无不克；“厚刃”是指在相关专业有丰富的理论储备，博采众长、厚积薄发，具有敢为人先、敢啃硬骨头的技术信心和攻关实力。

“成才期”的青年科技人才已经适应了企业环境与氛围，掌握了科研生产工作的基本流程和方法，对锤炼技术专长，打造核心竞争力，拓宽视野，提升综合素质具有强烈的愿望。因此，对该阶段的青年科技人才应提供丰富的竞争和展示平台，开展以“同台竞技展风采”为特色的专向培养，帮助他们成长为一专多能的人才。首先，要帮助青年科技人才厘清自身的技术发展方向，自觉培养自己的技术专长，并为他们提供技术指导帮助和学习资源支持，让青年人有专有所长、专有所用、专有所强。其次，提供多种平台，例如，通过打造专家精品课、地质学堂等多种形式的培训平台，青年知识分子论坛等形式的交流平台，以专业技术拉力赛、岗位练兵等为途径的竞争平台和以胜利地质青年英才、双十佳评选为导向的激励平台，通过全方位的培养和锻炼，不断提高青年科技人才的岗位技术水平，形成独有的理论体系和技术特色。最后，引导青年科技人才自觉学习，自我提升，加大专业成果库和培训资源库建设，促进学习培训资源的集约化，努力打造青年理论技术“培训库”“知识库”“成果库”，持续提升理论技术水平，促使其在科研生产中能够独当一面。

5.4.2.3 “贡献期”培养原则及方法

按照青年成才周期规律和累积效应，青年人才具备一定技术专长，其创新指数就会向波峰上升，充分发挥专长攻克本专业的技术难题成为推动其成长发展的内在驱动力。青年人才主观上渴望形成自身独有的学术观点和创新成果认识，并不断提升技术影响力，以提升自身在科研生产中的技术地位和独特价值。因此，不断创造成果并渴望获得更高层次组织和更广泛的同行认可是“贡献期”青年人才的显著心理特征。因此，对该阶段青年科技人才要以“勇挑重担竞潮头”为导向，突出实践培养，不断扩大青年科技人才提升自我、施展才华、实现抱负的阵地，为他们创造发挥作用的空间和机遇，让他们在科技创新的成就中不断获取成长的信念与动力。

依托科研生产实践，为青年人才创造和拓展锤炼技术、施展才华的创新阵地，实现自身的保值增值，可以通过完善青年创新项目管理机制，实施项目公开竞标，项目成员公开竞选的“竞争立项”机制，让优秀青年人才在项目管理中担当“顶梁柱”，在项目攻关中“唱主角”，不断积累项目管理和科技攻关的实践经验，持续提升更高层次岗位的胜任能力；也可以完善青年人才评先树优体系建设，深入基层，积极发现、挖掘典型，构建完善基层推优、团委择优、党委树优的评选结构，真正把一些树得住、过得硬、叫得响的典型甄选出来，加大局级、省部级乃至国家级先进青年集体和个人的选树力度，综合运用多种媒介，让典型在前台“亮相”，广泛深入、大张旗鼓地宣传典型事迹，优先推荐青年人才典型到关键技术岗位和重要管理岗位上工作。

5.4.3 基于梯次维度的“领军型—创新型—执行型”分类培养机制

5.4.3.1 “领军型”青年科技人才培养标准及措施

这里所说的“领军型”青年人才，主要是针对“目标价值管理系统”中的精英青年群体，对这一部分科技人才的培养，本着超前谋划、重点扶持的原则，要致力于将其培养成为青年拔尖人才。

“精英青年”的比例在勘探开发研究院青年人才总数中约占22%，他们大多是研究院重大科研课题或生产项目的负责人或技术首席，对油田和勘探开发研究院科技的发展、专业建设和人才的培养发挥着重要作用，是为企业做出贡献的先锋力量，也是未来企业创新与发展的主导。

“领军型”青年拔尖人才一般应具有以下特征与潜质。

（1）在某一专业方向有过人的技术特长，有能力并善于解决复杂疑难的技术攻关难题。

（2）紧密追踪专业前沿动态，具有较强的创新意识，善于在技术攻关中把握技术实质，发现技术问题，并且前瞻性地提出技术攻关方向。

（3）有一定技术影响力和群众基础，有较强的项目管理、生产组织等沟通协调能力，能够团结带领项目成员向既定技术目标迈进。

“领军型”青年拔尖人才要重点培养前瞻思维、国际视野及优秀的团队管理能力。前瞻思维，即把握石油科技发展前沿，敏锐洞察专业技术的发展趋势，寻找技术瓶颈问题，在技术新区、空白区和交叉区，可以前瞻性地提出重大科研技术问题的突破方向，并能对技术发展思路与攻关路线做出科学预判和决策。国际视野，即能够准确认识与把握国际石油技术发展趋势，热切关注国内外其他著名科研机构的最新理论和先进管理理念，有将本专业前沿理论技术引进消化吸收和再创新的自觉性和创造性，针对国际性石油科技的热点、难点问题，能够提出并敢于大胆表达自己的独特观点，在国内外著名学术刊物上发表有较高学术价值和技术推广应用价值的文章。优秀的团队管理能力，即重大科研生产课题项目和生产技术攻关的组织协调能力，包括项目团队内部成员、技术和经费管理经验，以及巧妙协调和优化配置各方资源，集中人力、财力、物力进行攻关的管理智慧与艺术。在培养措施上，创新提出了关键岗位青年“人才池”的继任管理计划，这一计划与欧美国家目前推行的“一对一”关键岗位替代计划不同，其主要内容是针对勘探开发研究院关键岗位青年人才比例偏低的现状，建立不同层次关键岗位多样化的“人才池”和相对应的“人才池”资质胜任框架体系，对关键岗位的潜在人才进行分类，从而为各岗位层次“人才池”的人才制订有针对性的培养措施，并结合人才测评工具，定期反馈、评估和盘点，逐步建立起科学、合理的人才识别、培养、跟踪、激励相结合的培养体系，形成畅通、稳定的人才上升通道，增强人才职业发展上的连续性和递进性，从而储备不同层次关键岗位的人才，为全院发展提供源源不断的人才供应。在青年“人才池”继任管理计划中，要重点把握以下几个方面。

（1）建立“领军型”青年拔尖人才素质能力模型，明确培养标准和具体措施，参照素质能力模型，在科研生产实践中发现和挖掘有潜质的人才作为重点培养对象。

（2）建立重大科研生产项目“青年项目助理”制度，强化培养年轻干部承担重大科技攻关和生产组织任务的能力，优先选派年轻干部担任研究院重点科研课题、生产项目负责人或技术首席，协助进行项目组织运行、经费管理、任务计划制订和考核等项目的日常管理工作。

（3）构建高层次学术技术交流平台，通过邀请院士讲学，聘请专业领军人物担任青年学术技术顾问，举办“青年领军人才学术峰会”等，拓展其前瞻思维和国际视野。

（4）建立“项目经验导航库”，对管理精细、运行规范、成果突出的项目，负责人及时总结技术攻关和管理心得，形成经验报告并入库，青年在担任同类别课题项目研究时，可按照专业和课题类别进行查询并作为课题研究的参照。

（5）强化青年科技领军人才综合管理能力提升，推进年轻干部挂职锻炼工作。年轻干部在见习期内，应主动申请到本单位（部门）之外的机关部门或研究室、实验室挂职锻炼一次，时间不少于3个月。在挂职锻炼期间，派送、接收单位（部门）之间要加强交流，密切关注年轻干部的成长状况，接收单位要与年轻干部商榷拟定调研题目。挂职结束后年轻干部要完成一篇不少于5000字的调研报告，接收单位要根据挂职情况和调研报告撰写情况给出挂职成绩，计入年轻干部见习期满考核结果。

（6）各单位（部门）加强年轻干部轮岗交流工作，通过调整分工、调整联系班组等有效措施，安排年轻干部担任党员、团员突击队负责人，发挥年轻干部在急、难、险、重和紧迫任务中的表率带头作用，给年轻干部压担子、加任务，强化年轻干部的全面锻炼。

5.4.3.2 “创新型”青年科技人才培养标准及措施

这里所说的“创新型”青年人才，主要是针对“目标价值管理系统”中的优秀青年群体，对这一部分科技人才的培养，本着精细规划、创新举措的原则，要致力于将其培养成为青年复合人才。

“优秀青年”的比例在研究院青年人才总数中约占51%，他们大多数是重大科研课题和生产项目的主要研究人员，在每年的勘探开发地质论证会、油田开发方案编制、重点实验室建设、实验技术研发、大型设备引进消化创新方面发挥着骨干中坚作用。他们积累了一定业绩成果，工作表现出色，有系统的专业知识体系和岗位技术特长，成为某个专业方向或岗位的佼佼者，蕴藏着强劲的创新动力与活力，是为企业做出贡献的主体力量。

“优秀青年”群体一般应具有以下特征和潜质。

（1）自主创新的强烈意识、开放包容的思维视野，不畏难关的勇气和持续攻关的毅力。

（2）对新技术、新理论、新方法有较强的消化吸收运用能力。

（3）具有一专多能的技术品质，善于运用多种手段和方法创造性地解决问题，探索形成了原创性、针对性的创新成果。

对于“创新型”青年复合人才，要重点培养他们的创新性思维和一专多能的技术能力，使其成为专家型、复合型的人才。创新性思维，即敢为人先、敢于挑战、敢于超越，不拘泥于固有观点，大胆突破前人认识，综合利用联想思维、发散思维和逆向思维，准确把握技术实质，多学科、多角度、多手段地分析和破解技术难题。一专多能的技术能力，即在本专业科研领域精深研究、独当一面，有“一手绝”，在相关专业领域触类旁通、博采众长，当“多面手”。在培养措施上，主要是不断创建和拓展培养阵地，构筑创新舞台，为人才提升思维、视野和专业水平创造条件。重点把握以下几个方面。

（1）持续推进青年人才培养信息化，进一步丰富扩展诸如青年科技网上博览园、青年专业知识博览园、青年科技人员网上专业技术拉力赛等特色培养阵地和载体。

（2）持续推进青年人才培养的一体化，集成整合各类培养资源，发挥各类培养平台的综合效应，促进人才的全面发展。

（3）持续推进青年人才培养的特色化，发挥研究院专家优势，按照细化至专业、细化至技术、细化至项目的培养思路，设计特色培训课程，加快“创新型”青年复合人才的培养。

5.4.3.3 “执行型”青年科技人才培养标准及措施

这里所说的“执行型”青年人才，主要是针对“目标价值管理系统”中的一般青年群体，对这一部分科技人才的培养，本着注重转化、激励引导的原则，要致力于将其培养成为青年专业人才。

“一般青年”在研究院青年人才的群体中占27%左右，主要包括两个部分，一部分是新引进的青年人才，由于工作年限短，缺乏工作经验，科研能力与成果相对较薄弱，在青年量化分类评价中评分相对较低，暂时落入“一般青年”的范畴。这些青年学历高、理论基础扎实、知识结构合理，是潜力巨大的智力资源库，正处于成才的“磨合期”，只要因材施教、强化引导、方法得当、合理开发，他们有可能实现跨越式的发展，最终转化为优秀乃至精英青年。另一部分是由于自身学习愿望不强烈、成才取向不明确、成才动因不充足或在人才的激烈竞争中不适应等综合原因，整体创新素质和业绩成果相对一般的青年人才。然而，他们在科研生产实践中掌握了相对全面的岗位基本技能，能够高效完成科研生产的各项基础工作，也是科技创新不可缺少的重要组成部分，只要加强思想引导，帮助他们树立正确的成才观，激励他们树立成才信心，激发学习创新愿望，制订适合的目标，他们所迸发的创新力量也是非常巨大的。

“一般青年”群体应具有以下特征。

（1）具有敬业、奉献精神和良好的职业操守。

（2）具有较为扎实的理论技术知识，掌握科研生产流程和岗位基本技术，高效、出色地完成科研生产基础工作和岗位任务。

（3）具有较大的学习提升空间，有向优秀人才、精英人才转化的潜质。

“执行型”青年专业人才培养重点是严谨求实、敬业奉献的工作作风和专业基本功，即要有专业基础训练，引导他们尽心尽力做好本职工作。在培养措施上，重点做好以下两个方面。

（1）加强传统作风教育，发挥典型示范带动作用，培养职业道德素养。

（2）强化基本功训练，树立科研生产精细意识，提升技术熟练度，提高岗位效率和贡献度。

5.4.4 基于能力维度的“青年职业发展导航”平台

5.4.4.1 “思想导航”的内容与载体

“思想导航”的主要内容是建立学习教育的长效机制，通过政治理论学习、主题示范教育、思想动态访谈等方式，提升青年职工的政治素养、品行素养和岗位素养，在“润物无声”和“潜移默化”中实现对青年文化价值和精神理念的传递，强化青年的自我引导、自我提升。主要的活动载体设计如下。

（1）在提升政治素养方面：针对不同时代青年人的思想特点，采取引导式、体验式、互动式的思想教育方法，开展政治理论学习、主体示范教育、能力素质拓展及思想访谈等活动，提升青年职工的政治觉悟，坚定政治立场。

（2）在提升品行素养方面：通过心灵关怀、传统教育、模范熏陶等多种形式的互动，形成以地质精神为内核的青年特色文化，引领青年品行的提升。

（3）在提升岗位素养方面：通过能力素质拓展、职工思想访谈等方式，培养青年人的学习作风、职业精神和科研风格。

5.4.4.2 “专业导航”的内容与载体

“专业导航”的主要内容是建立提供多方位、多层次的培训、交流、竞争与激励平台，夯实青年职工的专业功底，并通过岗位锻炼每一位职工的一技之长，提升青年职工的专业技术能力。在“专业导航”方面，着力打造以下四个平台。

（1）培训平台：通过开展“专家精品课”“地质专家大讲堂”“年轻干部及后备人才管理素质能力提升班”等多种形式的培训活动，针对不同层次的青年科技人才群体，量身定制培训方案；并在活动中逐渐提炼精品课程，制作电子教案和技术手册，引导青年职工自学，拓展培训的手段。

（2）交流平台：围绕油田勘探、开发的热点、难点，组织青年科技人员成立“胜利地质青年学社”，按照“兴趣凝聚、兴趣引导”的原则，分为石油地质、油藏工程、实验技术、数值模拟等多个专业组，开展突出前沿技术的交流讲座，活跃学术研究氛围，提升青年职工的技术视野与思维空间。

（3）竞争平台：举办“青年创新创效”“青年知识分子论坛”等多种形式的技术竞赛，根据不同岗位和层次的青年人才群体，搭建适当的竞争平台，以赛促学、以赛促练，提高技术熟练度，提升青年科技人员的综合科研能力。

（4）激励平台：根据不同阶段、不同层次的青年竞争平台，设立不同层次的科研奖励与荣誉称号，通过物质奖励与精神激励，提高青年职业发展的积极性，扩大青年典型的影响力和辐射力。

5.4.4.3 “职业导航”的内容与载体

“职业导航”的主要内容是通过职业规划、青年创新项目等形式，开展典型选树、岗位推优等活动，为青年优秀人才搭建更广的创新阵地与舞台，创造更多的发展机遇与空间，鼓励青年职工中的先进分子创先争优，实现职业价值。主要的内容与载体设计如下。

（1）深化青年创新项目管理，进一步规范竞争立项机制。

（2）完善评先树优体系，构建基层推优、团委择优、党委树优的评选结构，加大高层次典型选树。

（3）强化“双推”职能，推荐青年人才典型优先到关键技术岗位和重要管理岗位，探索年轻干部选拔的新办法，使有能力的青年科技人才能够尽快在科研生产中发挥更大作用。

青年职业发展导航系统能够实现青年成长成才由单纯的“组织引导”到“组织引导”与“自我引导”相结合、“组织培养”与“自我培养”相结合的转变。我们选取部分基层单位作为青年职业发展导航工作试点单位，经过一年的探索实施，初步形成了青年职业发展导航的一些思路与经验。主要是对试点单位35岁以下青年进行全面的素质与职业测评，从职业愿景、专业目标、发展优势、核心能力、性格特征、处事方式等多个方面，帮助和引导青年进行自我总结与评估，将青年按照技术研究型、管理复合型、技能增效型等不同序列，为青年量身设计“青年职业发展导航书”，每个类型突出不同核心素质与能力的培养，紧密结合其专业特长、岗位工作和项目研究等，设计具体可行的导航内容、目标、措施、执行时间、预期效果、实现方式及效果评价目标改进栏目等，通过自我分析、职业评价、目标设计、实施策略、绩效评估、目标修正、实现目标七个环节，帮助青年科技人员明确工作目标，规划发展路线，提升核心素质，实现职业愿景。

5.5　创新型的石油科技人才团队建设对策

无论是竞技体育、商业活动，还是科学研究，个人的能力固然重要，但是，决定事业成败、大小的往往是集体的智慧和力量。尤其是科研活动这一人类高级的脑力劳动，欲取得显著的成果，不但需要不同专业和性格的人的协作，而且必须经过几代人的传承。所以，地质科学研究不能单打独斗，必须认真继承前辈成果，必须紧紧依靠集体的力量，当务之急是要加快人才团队建设步伐。

创新是新时代的主旋律，荀子有云："不登高山，不知天之高也；不临深溪，不知地之厚也。"不创新，我们将寸步难行。中国改革开放四十多年，取得了举世瞩目的成就，关键法宝之一就是"敢闯敢试"。当年改革的试验田——深圳，从一个小渔村成长为如今中国改革开放的"地标"，就是勇于创新的最佳诠释。目前，世界政治经济形势可以用"复杂多变、跌宕起伏"八个字形容，企业如何在这一波巨浪中渡险滩、越激流，于暗礁旋涡中化危为机、危中寻机，蹚出一条新路，考验着每一名领导人员勇于创新的素质与本领。

习近平总书记提出"创新、协调、绿色、开放、共享"五大发展理念，创新位居首位，体现了其重要性。习近平总书记强调："抓创新就是抓发展，谋创新就是谋未来。不创新就要落后，创新慢了也要落后”“重大科技创新成果是国之重器、国之利器，必须牢牢掌握在自己手上，必须依靠自力更生、自主创新”“关键核心技术是要不来、买不来、讨不来的。只有把关键核心技术掌握在自己手中，才能从根本上保障国家经济安全、国防安全和其他安全”。中国石化作为“大国重器”，自然要自觉肩负起能源创新和经济创新的应尽之责，新一届党组已经提出，着力构建“一基两翼三新”的战略格局，体现了强烈的创新意识，各级领导人员应该有“等不起”的紧迫感、“慢不得”的危机感、“坐不住”的责任感，主动挑起发展重担，投入改革创新大潮，挑战“禁区”，进军“盲区”，大力推进科技创新、管理创新和商业模式创新，以全方位的创新赋能发展。

5.5.1 科学研究需要创新型人才团队

人才团队是指在专家或技术带头人才领导下，不同专业和层次的人才有组织、有纪律地集中起来，彼此独立思考又充分协作，共同努力，实现共同目标的人才群体。人才团队有创新型、平衡型、维持型三种类型，如图 5-3 所示。

创新型人才团队：以创新为灵魂，团队理念是“不创新就是失败”。

平衡型人才团队：以平衡为根本，团队理念是“不求有功，但求无过”。

维持型人才团队：不思进取，当一天和尚撞一天钟。

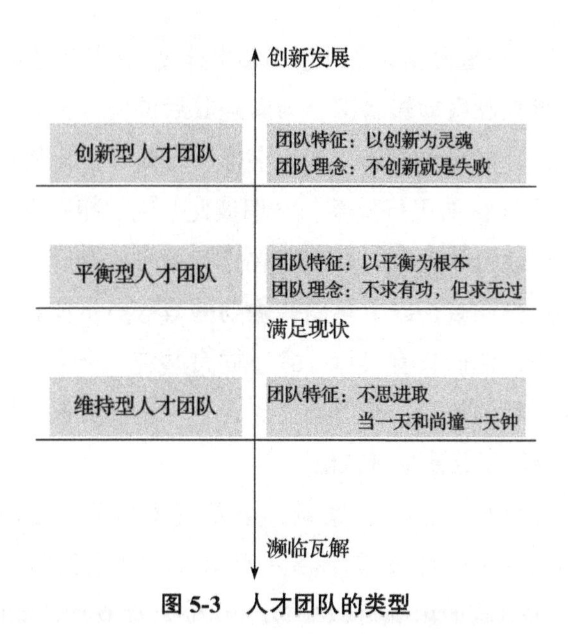

图 5-3　人才团队的类型

什么样的人才团队才算“国内领先、国际一流”呢？《辞海》上讲，“领先”是指“共同前进时走在最前面”或“水平、成绩处于最前列”；“一流”的含意是“第一等”。从人才学的角度讲，建设“国内领先、国际一流”的研究院，人才规模、人才层次当然很重要，但不是最重要的，关键是他们能做什么，更重要的是他们是否有能力做别人从来没有做过的事情，这样才能成为“领先”和“一流”。毫无疑问，只有创新型的人才团队才具备“国内领先、国际一流”的潜能。

5.5.2　创新型人才团队的内涵

创新型人才团队的概念源于生活实践，并非凭空捏造。

举例佐证：一是大雁南飞时总是喜欢排成“一”字形或“人”字形。每只雁扇动翅膀都会为紧随其后的同伴掀起一股向上的力量，当雁群以倒“V”字形飞行时，要比孤雁单飞增加超过70%的飞行效率，它们彼此互动、相互支撑，最终顺利到达目的地。二是人们在进行龙舟比赛时，司鼓手要全力擂鼓助威，以节奏韵律强劲的鼓号声指挥和协调划手的动作，他们只有目标一致、同舟共济、全力以赴，才能冲向胜利的彼岸，任何动作配合上的不默契都会导致他们远远落后于其他龙舟队伍。

对比分析以上两个案例，会发现创新型人才团队与之有着惊人的相似，如图5-4所示。总结共同特点，创新型人才团队的内涵可以用以下几个要素概括，如图5-5所示。

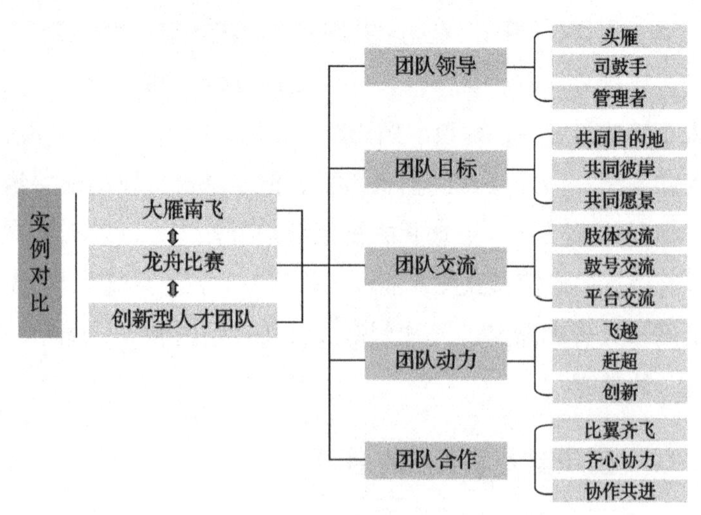

图5-4 创新型团队对比

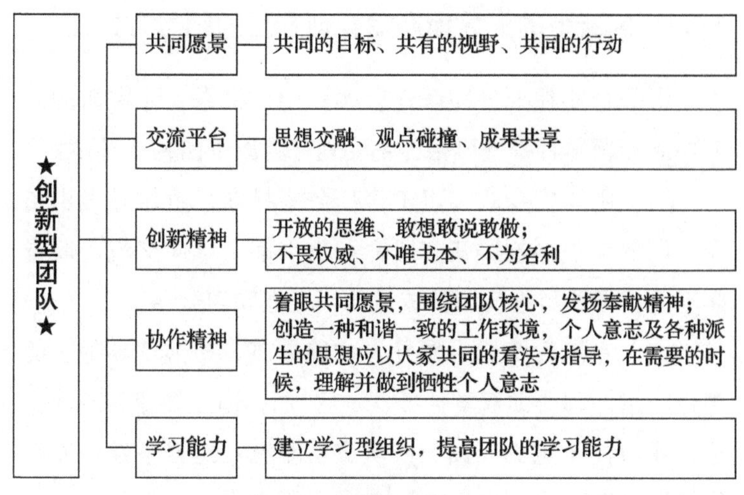

图 5-5　创新型团队内涵

5.5.3　打造创新型的人才团队

创新型人才团队建设必须紧密结合研究对象、研究内容、研究重点和突破方向而进行。要围绕核心技术、重点专业，以课题、项目、研究室为载体，以带头人才为核心，以结构合理的人才梯队为支撑，以持续创新能力为保证，以推进技术创新和事业发展为目标，制订和落实人才团队建设措施，保证既出优秀成果，又出优秀人才群体。目前，主要以油田高级专家、院首席专家、专家为带头人，采取课题组、项目组等形式，建设一批符合勘探开发需要的专业技术人才团队。通过人才团队建设，打造新的理论、技术优势，打造一批高素质人才群体，打造团结合作、奋发向上的人才文化。

5.5.4 创新型的人才团队需要创造性的领导方式

中外企业在人才团队建设实践中，根据人才团队的研究性质和领导者管理风格，主要划分为以下四种领导模式。

（1）领导指令式。以工作任务为导向，由领导发出指令，团队成员循规蹈矩、听命行事，多为单向交流，监督频率高，但严重挫伤团队成员的积极性和创造性。

（2）专家教练式。领导者才能卓越，扮演“导师”的角色，指挥和协助双重任务“一肩挑”，沟通转变为双向交流，比较注重意见反馈，团队成员既有一定自主性，又有较强依赖性。

（3）团队领导式。领导者作为团队成员承担具体科学研究任务，与其他成员共享决策权，指导、组织和协调作用被削弱，易丧失团队领导的核心地位，团队管理质量缺乏保证。

（4）组织授权式。团队以组织名义下放权责，团队成员各司其职，听从统一指挥，干事创业的自主意识和创造意识得到加强，但需要建立完备的监督和反馈机制。

以上四种领导方式各有其长，又有其固有弊端，创新型的人才团队要达到预想的效果，必须要有创造性的领导方式。本书在针对科研单位人才群体特征和思想状况进行细致分析的基础上，充分汲取各类领导方式中的积极因素，倡导制度与文化相结合的“人本”管理模式。在该模式下，领导者根据工作目标要求，对团队成员进行细致分工、明确职责、落实任务；强化监督、重视反馈，交流协作频率增高；更加尊重人才的感受，树立和践行“人本”管理理念，极力营造人性化管理氛围，以制度和文化力量督导和规范团队行为；充分发挥自身辐射和带动作用，促进团队成员人际关系和谐，激发团队协作、创新、竞争、奉献精神，通过对人的教育、关心、激励和潜能开发促进工作绩效的提高。

6

建立全方位服务人才体制机制

6.1 建立完善、有效的激励机制

人才激励就是赋予人才以完成既定目标所需要的动机或动力。它通过有效地启迪和引导人的心灵，激发人的动机，挖掘人的潜力，使之充满内在活力，朝着期望的目标前进。所谓人才激励机制就是长期以来以激励人才为目的而建立的制度、程序及工作模式。本书认为，一个有效的人才激励机制必须处理好科学评价、公平竞争、因材激励三个环节。其中，科学评价是前提，公平竞争是根本，因材激励是关键，如图 6-1 所示。

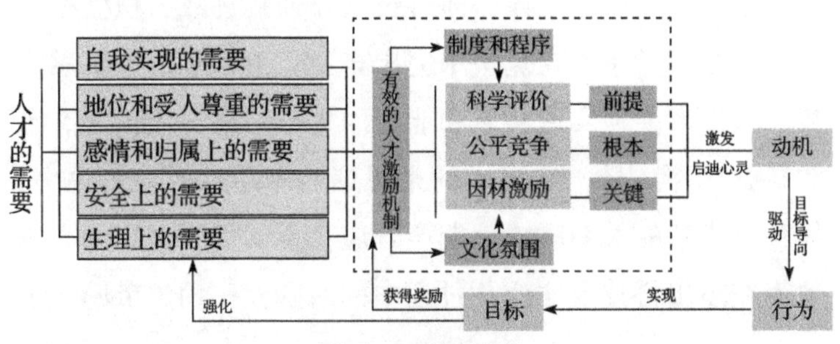

图 6-1 激励过程

6.1.1 科学评价

可以这样说，没有科学的评价就没有有效的激励。探索建立“三支队伍”各自的人才评价标准，逐步形成由市场评价、主管评价、专家和技术评价、群众评价、业绩评价等构成的人才评价考核体系，完善科学、客观、公正的评价考核制度。对专业技术人才的评价，要建立以业务水平和工作业绩为核心的考核评价指标体系，并区分不同专业、不同层次岗位，细化为相应的考核评价标准。对经营管理人才的评价，要制订管理人才核心能力评价标准体系，突出核心能力和工作业绩关键指标，把人才评价与德才考察、绩效考核结合起来，构建包括“政治辨别力、工作推动力、持续创新力和自我控制力”为主要内容的核心能力标准及评价考核体系。对技能人才的评价，要建立技能人才考核标准和考核档案，将其技能、业绩及职业道德的评价考核结果作为续聘、解聘的主要依据。

6.1.2 公平竞争

竞争激励成才规律，即科技人才迎接挑战、积极参与市场与技术竞争，在竞争中完善自我，追求卓越，积累优势，激发潜能，实现素质和能力的提升，逐步成长为杰出的科技领军人才。它揭示的是机遇与素质、能力与效率、优势与成功的关系和成就期望效应，强调优胜劣汰的竞争规律在杰出科技人才成长过程中的激励性作用。市场竞争是科技的竞争，是人才能力的竞争。竞争和磨难是成才的必由之路。人才的内在素质和能力是在人与环境相互影响的过程中形成和提高的。认识、理解现实竞争环境并认清、控制和驾驭自己，根据客观竞争环境的需要与可能进行自我设计，选择准确的突破口，付出艰苦卓绝的劳动，勇敢面对挑战，扬长避短，提升自己的胆识和决断能力非常重要。人才在做事的过程中得到鼓励、支持和帮助是最大的激励，能产生最大的活力和创造力量。竞争给人压力，竞争催人奋进。在创新型企业占领科技制高点的实践中与高手过招，同强者竞争，直接面对同行竞争压力，注重技术与市场的率先性，有利于奋发进取、扬长避短、拓展思路、活跃思维、磨炼性格，以及提高创新能力，争夺制高点和自主知识产权。培育创新型领军企业和知识产权优势企业，在与先进企业对标中学习锻炼成长，成为具有市场开拓能力、机会识别能力、创新决策能力和战略定位能力的科技人才。在成才的过程中，主观自身的激励与社会客观的激励是互动的，成才者自身激励的源泉来自社会、市场和群体，也来自事业的成功与失败。个人努力成才目标要与企业内在需求相适应，积极参与所在单位的竞争战略层次的管理规划。在竞争激励机制下达到人尽其才、才尽其用，不断总结成功经验与失败教训，扬长补短，发挥优势，激发潜能，提升层次，使人才的价值得到充分的实现。

人才在竞争中成长，在竞争中发展。创造公开、公平竞争的条件，有利于人才脱颖而出，充分施展才能，加快人才成长。通过全面引入竞争机制，加大人才竞争力度，通过竞争发现人才、使用人才和造就人才，使想做事的有机会、能做事的有舞台、做成事的有位子。坚持“公开、平等、竞争、择优”的原则，坚决破除机制性障碍，打破身份界限，推进竞争上岗，逐步建立公平竞争、优胜劣汰的动态选用人机制。用人要坚持“能力本位”论。即“当一切价值取向发生矛盾和冲突时，特别是学历、人情等同能力发生矛盾和冲突时，应以能力作为裁决的准绳，应让位于能力”。这里所说的能力是指认识能力、实践能力、研究能力、适应环境的能力和为社会创造财富的能力。适宜的人才竞争机制无疑是提高科研水平的重要前提，在这样的竞争机制中，科研人员就会围绕“能力”不断提高自己的素质。无论是刻苦钻研业务，还是参加生产实践；无论是上学深造，还是专业培训，都是着眼于能力的提高。这就避免了“为拿文凭而上学”“为评职称而创成果”的功利主义倾向，真正使科技人才的聪明才智发挥到本职工作和科技创新上。

6.1.3 因材激励

根据科技人才的不同特点和需要，激励和引导他们走适合自己发展的道路。每个人的能力都有不同于他人的特点，有善于组织管理的，有长于科学研究的；有勇于开拓创新的，有工于精雕细刻的。如果不了解这些差别，不因人因需激励，就不可能取得理想效果。领导才能、管理才能是一种特殊的本领，专业技术才能同样是一种特殊的才能。在实际工作中，一个专业技术人才做出成绩，上级表示信任、嘉奖的方式，往往是提拔其为领导者。提拔员工成了许多科研单位人才管理最有效的激励措施。这种激励措施的弊端是使不同特点的科技人才不能各得其所，最终导致人才的浪费。由于多种原因，现在担任领导职务的部分年轻知识分子刚刚在业务上有所造诣，但还很不成熟，一旦走上领导岗位，便频繁地在会议、文件及社交活动中疲于奔命，不但荒废了专业，有的甚至变得非常平庸，无论对个人、对单位，甚至对国家都是一个不小的损失，这就是所谓的“精英淘汰”论。为了避免科技精英走入这样的怪圈，必须深入研究人才，依据人才特长，通过切实有效的物质激励和精神激励措施，引导、鼓励他们走适合自己的发展道路，特别是对那些专业技术拔尖人才，更应该加大激励措施，使他们的专家道路越走越宽。

6.2 建立开放的石油科技人才流动机制

有了完善的激励机制，创造了良好的人才环境，并不意味着留住了所有的人，按照现代人才市场观念，我们不但要留住人才，还要搞活人才，更要学会经营人才，这既对人才有益，也对单位有利，这就是要建立开放的人才流动机制，从而变限制人才流失为规范人才流动；变管理人才为经营人才；从人才流动中获得动力和收益。

6.2.1 实现人才良性互动

常言说："树挪死，人挪活。"人才成长需要一定的外在条件，如果外在条件已经不能适应其成长的需要，那么只能流动到适宜的岗位，才能保证其才能继续增长和充分发挥。从研究室流向试验室，从主体流向实体，从人才密集的单位流向相对短缺的单位，从研究院流向油田甚至更大范围。反之，我们也可以根据科研生产需要从油田、集团公司乃至社会其他领域吸引人才为我所用，人才只有流动起来才能体现出它的价值。因此，国有企业必须正确看待人才的去留问题。有些企业采取了"卡"的方式，使那些想走的人不敢轻易冒险，能起到某种约束作用。但从长远看，这样做不良影响很多。下定决心走的人可能会变成企业顽固的"敌人"；而勉强留下的人不会真正投入企业的发展之中。事实上，流失的人才也是一笔宝贵的资源，一位企业领导说："留下的是战友，出去的是朋友。""问渠哪得清如许，为有源头活水来"。人才只有流动起来，单位的发展才有活力和动力。

6.2.2 建立多维人才流动模式

规范人才流动，就要畅通人才流动渠道，加强人才流动宏观调控。要立足"三支队伍"岗位化管理，建立从"从外部人才市场到三支队伍，三支队伍之间，从三支队伍到外部人才市场"的多维人才流动模式。人才流入时，实施跟踪培养，加强人才评估，实现人才知识结构与岗位需求的有效匹配，充分发掘人才的智慧和才干。人才在内部流动时，优化岗位设置，促使岗位序列“上下贯通、左右衔接”，打破人才身份界限，使之实现跳跃式发展——可在本岗位序列中上下流动，“能者上、平者让、庸者下”；可在不同岗位序列之间左右流动，加强人才交流，促进优势互补。人才流出时，及时调用后备人才进行接替，进入新一轮培养。在整个流动过程中，实现良性循环，控制人才总量，稳中求升，实现人才素质的不断提高。图 6-2 为勘探开发研究院人才流动的模式。

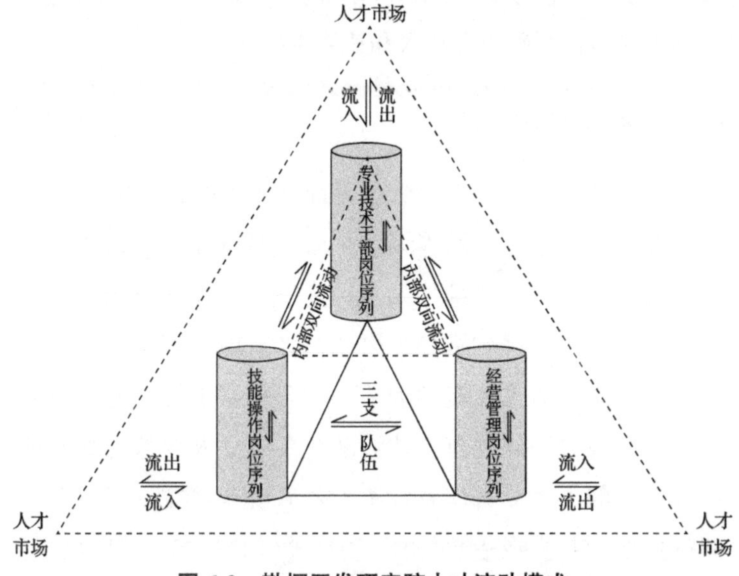

图 6-2　勘探开发研究院人才流动模式

鼓励人才流动并不是说人才来去自由，不受限制。按照激励保障与监管约束对称的原则，在加大对人才激励力度的同时，采取措施，进一步加强对各类人才的监管和约束，促使人才充分发挥作用、全面健康成长。加强对技术人才和技能人才以合同规定和经济约束为主的监管，把契约化管理与收入“能增能减”结合起来，形成拴心留人的约束机制。与核心技术岗位人员签订保守企业商业秘密、保护企业知识产权的相关协议；对核心岗位的技术和技能人才，应在劳动合同或相关协议中明确辞职提前预告的约定；对涉及知识产权的技术技能人才，在其离开单位时必须签订竞业禁止协议，支付相应补偿费。对油田及研究院出资额较大的技术和技能人才的业务培训实行合同化管理，以协议的形式明确服务年限和违约责任。

6.2.3 善于经营人才

在市场经济条件下，效益无疑处于首位，研究院不是高等院校，不单纯是培养人才，而且要研究成果，还要创造效益。我们有责任维护人才择业的自主权，但研究院的正当权益更需要得到维护。因此，必须理顺研究院与人才市场的关系，为人才流动创造一个公开、平等、宽松的环境，依靠法律法规规范人才流动。要建立人才信息库，形成现代化的人才储备体系，使人才流动建立在一定的人才储备基础之上。要完善人才流动预警机制和宏观调控机制，使人才流动保持局部良性流动和稳定速率流动。要建立不同层次和系统人才引进与调出的价值标准和刚性机制，实现人才流动市场化。

6.3 营造良好的石油科技人才发展生态

6.3.1 建立人才扶持政策

6.3.1.1 各地的人才扶持政策

人才扶持政策是调动员工积极性、激发员工创新能力的最有效方式之一。按照马斯洛的需要层次理论，人有生理、安全、社交、尊重、自我实现的需求。因此，根据科技人才的需求层次不同，制订的扶持政策也要多样化，以满足科技人才的需求。

"栽下梧桐树，引得凤凰来。"最吸引年轻人的深圳，在人才引进与落户政策上很给力。在落户上，只要大专以上学历、年龄小于35岁，且缴纳了深圳社保即可申请在深圳落户。最给力的是生活补贴和租房补助，本科学历的人才可补贴15000元，硕士可补贴25000元，博士可补贴30000元，关键还是一次性发放！在租房上，提供30万套人才住房，解决应届生租房困难的问题，研究生以上学历可优先承租，这在租房很贵的深圳来说，真的是很大的福利。在购房上，具有研究生以上学历的人也享有优先购买住房权。深圳对创新和研发型人才更是优待，最高可提供5000万元的支持。

广州对人才引进也是十分重视，尤其是在住房补助上。新引进入户的全日制应届本科生只需在广州工作满一年，即可获得2万元的住房补贴，硕士研究生可获得3万元；

博士研究生及副高级以上专业技术人才，可获得 5 万元的住房补贴。可见，各地为了招揽人才，都是纷纷抛出了人才引进政策这一橄榄枝。

天津的落户政策是具有本科以上学历的人可直接落户。在租房补助上，博士毕业生每年可获得 3.6 万元补贴，硕士每年可获得 2.4 万补贴，本科生每年可获得 1.2 万元补贴。对高端人才将给予最高 1000 万元的科研支持和 200 万元的奖励资助，而且在父母的医疗待遇、子女入学上都有相应的资助和政策扶持。

青岛拥有承载人才的广阔平台，有 9 家国家重点实验室、26 所高等院校、292 家工程技术研究中心、3000 多家高新技术企业。全国近 1/3 的部级以上涉海高端研发平台，以及国际院士港、博士后创新实践基地等 100 多个创新创业孵化平台都集聚青岛。同时，青岛有着完善的人才政策扶持体系，市委十二届八次全会审议通过《关于加快建设创业城市的十条意见》，系统推出“政、产、学、研、才、金、服、用、奖、赛”十个方面的支持政策，倾力打造承接创业者创意、创造、创业的“热带雨林”。青岛对高层次人才创业团队推出个性化、定制化服务，出台《青岛市高端人才项目定制化支持实施办法》等人才政策，全面实施高端人才培养、新锐人才托举、金种子人才储备三大“未来之星”计划，下一步为促进创业城市建设还将出台产才融合等一系列政策措施。此外，青岛创建了人才创新创业生态联盟，上线了青岛人才创新创业平台地图，以全口径整合市场要素，和政府资源，打造线上线下双轮驱动服务机制和全方位的立体化无感服务体系。实行人才落户秒批制度，建立人才住房租售补相结合保障体系，目前青岛正加快筹建十万套人才住房，为来青岛干事创业的优秀人才彻底解除后顾之忧。

6.3.1.2 人才扶持政策的具体措施

（1）加大人才发展投入。将人才发展作为财政保障的重点，优先保证对人才发展的投入，保障人才发展重大项目的实施，在重大建设和科研项目经费中，应安排部分经费用于人才培训。

（2）实施产学研合作培养创新人才政策。建立以企业为主体、市场为导向、多种形式的产学研战略联盟，通过共建科技创新平台、开展合作教育、共同实施重大项目等方式，培养高层次人才和创新团队。建立高等学校、科研院所、企业高层次人才双向交流制度，推行产学研联合培养研究生的“双导师制”。改革完善博士后制度，建立多元化的投入渠道，发挥高等学校、科研院所和企业的主体作用，提高博士后培养质量。实行“人才＋项目”的培养模式，依托国家重大人才计划，以及重大科研、工程、产业攻关、国际科技合作等项目，重视发挥企业作用，在实践中集聚和培养创新人才。

在国家重大专项研究过程中，勘探开发研究院与长江大学地球科学学院教授李少华合作，研发不同沉积类型的储层构型建模算法及储层结构知识库。其中，储层构型建模算法与油田常见的建模方法不同，采用的是以多点地质统计学为基础的随机建模算法，国内外的相关研究还处于起步阶段。李少华教授常年致力于储层地质统计学方法建模在石油领域中的应用，对多点地质统计学算法的研究颇深。通过与高校教授的合作交流，将国际前沿的建模算法引入到生产实践中，拓宽了科研人员的视野；储层结构知识库是将构型单元解剖成果整理入库，不仅可以为储层构型建模提供数据和模式上的指导，更为大数据技术的应用奠定了物质基础。通过与高校产学研相结合的研究模式，充分利用高校全球化的技术视野和研究院生产实践的优势，培养了掌握和跟踪建模核心算法的领军型人才 2 名、技术骨干人才 15 名，完善了勘探开发研究院技术人才的专业结构。

（3）实施有利于科技人员潜心研究和创新的政策。在科研院所、高等学校、企业建立符合科技人员和管理人员不同特点的职业发展途径，鼓励和支持科技人员在创新实践中成就事业并享有相应的社会地位和经济待遇。完善科研管理制度，健全科研机构内部决策、管理和监督的各项制度。建立以学术和创新绩效为主导的资源配置和学术发展模式。改进科技评价和奖励方式，完善以创新和质量为导向的科研评价办法，克服考核过于频繁、过度量化的倾向。完善科技经费管理办法，对高水平创新团队给予长期稳定支持。健全分配激励机制，注重向科研关键岗位和优秀拔尖人才倾斜。改善科技人才的生活条件，优先解决科技人才住房问题。

6.3.2 健全人才社会保障服务

国以才立，政以才治，业以才兴。习近平总书记强调，“人才是实现民族振兴、赢得国际竞争主动的战略资源。”加大服务力度、拓展服务深度、升华服务温度，打造全方位、立体化人才社会保障服务体系是解除人才后顾之忧、使其安心创新创业、激发其创新活力的重要环节。完善人才社会保障制度，充分体现人才价值，有利于激发人才活力和维护人才合法权益。

强化人才社会保障服务，需要增强对人才的重视。首先要牢固树立强烈的人才意识，尊重知识、尊重人才、尊重创新。同时，要做好人文关怀，从珍惜人才和爱护人才的角度出发，在政策、科研上给予一定的倾斜；在生活上关心体贴，切实为他们解决实际困难和问题，使他们在岗位上安心工作。

强化人才社会保障服务，需要注重人才的培养。人才的继续培养是不断提高队伍素质的必要手段。要做好人才分类定向培养，不同的岗位对知识、技能、能力和专业性有着不同要求，岗位要求的不同也决定了在人才培养过程中需要针对不同的人才进行差别化的培养。做好分类培养，才能培养出不同类别的应用型人才。

强化人才社会保障服务，需要发挥人才的作用。重点把握人才发展战略方向，建立有利于优秀人才脱颖而出、充分施展才能的选拔任用机制，让想干事的人能干事，能干事的人干成事，真正地做到人尽其才，物尽其用。

完善分配激励机制，全面落实以按劳分配为主体、多种分配方式并存的分配制度。坚持效率优先，兼顾公平，各种生产要素按贡献大小参与分配，以鼓励劳动和创造为根本目的，建立健全与社会市场相适应，与工作业绩紧密联系，鼓励人才创新创造的分配制度和激励机制，加强对收入分配的宏观管理，整顿和规范分配秩序。认真落实上级出台的有关工资政策和有关工资改革的措施，根据实际财力情况，逐步提高科技人才附加津贴。建立健全工资分配管理制度，进一步扩大单位内部分配的自主权，收入分配政策向优秀人才倾斜。积极探索生产要素按贡献大小参与分配的形式和分配办法。逐步实现分配形式的多元化。进一步深化企业分配制度改革，逐步建立市场机制调节，企业自主分配、人才民主参与、政府监控指导的企业薪酬制度，对做出贡献的管理人才、专业技术人才实行期权、股权激励。

健全优秀人才表彰奖励制度。坚持精神奖励和物质奖励相结合的原则，建立人才奖励体系，建立公开、公平、科学、合理的评选奖励机制，对有贡献的科技人员及工作者实行重奖重用；建立荣誉制度，表彰在企业发展中做出杰出贡献的人才。

建立健全人才保障制度。根据各类人才的特点和需要，完善人才交流社会保险衔接办法。提高具有副高以上职称或获得省部级以上表彰人员的医疗保健待遇，定期组织他们体检，鼓励对做出突出贡献的各类人才实行补充养老保险和补充医疗保险等。加快福利制度改革，逐步实现福利货币化，不断改善人才的福利待遇。构建人才终身教育体系，加大继续教育力度，完善继续教育投入机制。把合理的人才培训经费、招选聘经费、科研经费、奖励经费列入年度预算。努力改善人才生活条件，实行高层次人才津贴制度，制定出台改善人才待遇的政策，切实提高高层次人才待遇，持续为人才提供优质服务。

6.3.3 打造人才服务配套环境

6.3.3.1 软硬平衡

“欲致鱼者先通水，欲致鸟者先树木。水积而鱼聚，木茂而鸟集。”环境就是吸引力，环境就是竞争力。进一步营造鼓励创新的环境，培养造就世界一流科学家和科技领军人才，使创新智慧竞相迸发、创新人才大量涌现，就要紧紧抓住人才环境建设这个关键，牢固树立和落实科学的发展观和人才观，“软”“硬”兼施，既要注重人才“硬环境”的改善，更要注重“软环境”的优化，努力为人才营造一个安心干事、勇于创业、保障干成事业的“和谐创业”环境，激发各类优秀人才创新创业的热情。

（1）人才硬环境与人才软环境的区别。

①存在形式不同。就存在形式来说，人才硬环境是一

种物质环境，人才软环境是一种精神环境。作为物质环境，它被限定或固定在一定的地理位置上和人为的具体的物质空间之中。它独立于人们的意识、体验之外，具有静态的和硬性的特征。作为精神环境，它反映了社会风气、媒介管理、群体风貌、生活状况、信息交流等情况，是一个被人体验和意识的世界，具有动态和软性的特征。

②条件准备不同。从条件准备来看，由于人才硬环境是由有形物质条件构成的空间和场所，其重要性、紧迫性容易立即呈现出来，因而引人瞩目，容易得到重视。人才软环境是围绕、弥漫在传播活动四周的由无形的精神因素构成的境况和气氛，其重要性、影响力是缓慢呈现的，因而容易被人忽视。

③时间显现不同。人才硬环境的需求比较具体、明确，一旦满足即可看到成效；人才软环境的需求往往比较模糊，难以量化，即使付出代价也难立即看到效果。这也是人们忽视软环境建设的一个原因。正是在这种情况下，我们希望人们在重视硬环境建设的同时千万不要忽视软环境的建设。否则，不仅传播活动在硬环境中获得的良好效果会消失在软环境之中，而且会由于能量内耗而导致两种环境都产生负面效应。

（2）人才硬环境与人才软环境的联系。

①人才硬环境是人才软环境的基础和支撑。经济基础决定上层建筑。人才硬环境同样也在很大程度上制约着一

个地区人才软环境的发展水平。区位优势、经济实力、基础设施、科技水平、教育投入、劳动力市场等对于一个地区综合竞争力的提升作用同样不可或缺。良好的人才硬环境同样也会为人才软环境的发展完善提供有力的支撑。

②人才软环境是人才硬环境的重要推动力。经济社会发展与人才软环境是紧密联系在一起的，即使拥有好的环境硬件，也需要有好的环境软件来维护。如果没有好的环境软件，“拴心留人”只能是一句空话。实践表明，哪里的人才软环境好，哪里的经济社会就充满生机和活力，哪里的人才软环境差，哪里就会失去发展的优势和机遇。实践证明，人才软环境就是吸引力、感召力、生产力和竞争力。它在推动经济社会持续发展，进而促使人才硬环境不断完善方面有着举足轻重的作用。所以，人才硬环境的完善、发展与人才软环境的完善、发展相辅相成、相互作用。只有两手抓、两手都要硬才能使人才生态环境建设取得长足的进步。

（3）打造人才软、硬环境。

人往高处走。这是人才成长、发展的必然规律。这里的“高处”就是人们所追求的能够干事业、成事业、干好事业和实现自我价值的环境。在世界人才大战已从单一的“价格战”“政策战”逐步演变为综合性的“环境战”的今天，必须从实际出发，探索渗透人文关怀的吸引和凝聚人才之道。

俗话说“基础不牢，地动山摇”，人才硬环境是人才软环境的基础和支撑。做优人才硬环境，除了在物质基础上下足功夫外，还要做优人才机制体制。要建立更灵活的人才管理机制，强化正向激励，通过政治荣誉、职务晋升、经济奖励、保障机制等方面，让人才在干事、创业中得到真正的实惠。要完善人才评价体系，在坚持德才兼备的基础上，以实践为基础，结合不同行业的发展规律和特点，在实践中发现人才，以贡献评价人才，真正实现“不唯身份、不唯学历、不唯职称”论英雄。要加快载体平台建设，依托本地自然人文资源、特色优势产业和有关科研项目，为人才干事、创业提供舞台、拓展空间。

正如人的激情活力不仅需要高智商，更需要高情商那样，企业发展的激情活力不仅取决于“硬环境”的好坏，更重要的是取决于“软环境”的优劣。“软环境”优，则人才聚，事业兴;“软环境”劣，则人才散，事业衰。高起点、高标准推进人才“软环境”建设，努力实现人才资源的可持续开发，最终实现人的全面发展，是人才生态环境建设的最高境界。随着信息技术的高度发展，知识经济和全球经济的出现，人和人、地与地的交流越来越广泛，每个人和每个地方都具备影响和带动他人的功能。所以，不少企业提出了“人人都是环境、事事都是环境、处处都是环境”的口号，旨在依靠制度理性，引导人才观念的更新，带动人文环境的创新。人才“软环境”是开发人才激情、活力的核心要素。

聚天下英才而用之，要有“识才的慧眼、爱才的诚意、用才的胆识、容才的雅量、聚才的良方”。打造“软环境”、释放“软优势”，让人才能够感受到价值认同，能够获得施展才华的制度保障，能够找到心灵的安放之处，形成对人才的持久吸引力。

环境留心。人才竞争的背后，实际上就是环境的竞争，越是发达地区，越是人才多的地方，越能吸引人才。要大力营造尊重人才、见贤思齐的社会环境，鼓励创新、宽容失败的工作环境，待遇适当、无后顾之忧的生活环境，公开平等、竞争择优的制度环境。为人才安心工作、潜心钻研营造良好的环境和条件，全方位为人才发展做好服务，千方百计解决工作和生活中的困难。要大力宣传人才工作新举措、新成效，大力宣传各类优秀人才创新成果和先进事迹，在全社会形成尊重劳动、尊重知识、尊重人才、尊重创造的浓厚氛围。

待遇稳心。待遇不是留住人才的唯一途径，但却是不可或缺的。留住人才关键要强化评价激励，让人才“名利双收”。要切实改进人才评价考核方式，以实际能力为衡量标准，突出专业性、创新性、实用性，完善学术评价、市场评价和社会评价等机制，提高人才评价的科学性。要坚持以效益体现价值，以财富回报才智，做到一流人才一流待遇，特殊人才特殊待遇，让人才有成就感、获得感，真正做到以待遇留人。

管理大师彼得·德鲁克说过，管理是一种实践，其本质不在于知，而在于行；其验证不在于逻辑，而在于成果；

其唯一的权威就是成就。书店中随意可见的管理书籍中大致都包括“管理方法”“管理制度”“企业文化的再造”等若干部分。但是真正能结合不同企业的实际情况，有针对性地通过工作分析、人力资源规划、招聘选拔、绩效考核、薪酬管理、员工激励、人才开发等一系列手段来提高劳动生产率，最终达到企业发展目标的管理者，他一定是一位实践者，实践者的他必然是一位高超的沟通大师。良好的沟通渠道是提升企业软环境的主动脉。

①沟通问题。从一个球队来看企业人才管理，简单地说，教练员就是一个球队的灵魂（就如企业的CEO），球队的目标是从一个胜利迈向另一个胜利，这期间，球队的思想应该统一到教练员的战术意图上来。球场上，不能各自为战，而应发挥团队精神，而这一精神的领军人物，应该是场上队长。场上队长就相当于企业各部门的管理者。球队的凝聚力除了国家的荣誉、球员的职业道德、高额的收入，还同队长的一言一行，以及能否做到与队员进行有效的沟通息息相关。企业发展到一定规模，企业需要建立起有效的沟通模式，形成有凝聚力的企业文化时，企业希望员工不论来自哪里，无论走到哪里，都要同公司的发展保持同步的思维方式，思想统一。部门管理者要善于与人沟通，有亲和力，自身的言行举止要起到一个楷模作用，稳健不失活泼，处理事情外圆内方，特别是非原则问题上，尽量有技巧地去处理，与人为善作为立业之本是一个管理者应该具备的素质。这里所说的与人为善并不是说做老好

人，而是站在企业的立场上去尊重每一个员工，每个部门管理者都是企业发展的一个支点，要使员工个人成长与企业发展有机结合起来，通过企业文化对员工潜移默化地渗透，激发员工的工作热情，调动员工的积极性，起到“外塑企业形象，内强员工素质”的作用，从而增强企业的凝聚力。

这里所谈到的沟通，不是简单意义上的工作布置、工作要求，它是一种双向的沟通，只有沟通的渠道畅通了，员工才能更好地领会工作意图，对企业而言，才能更好地了解员工的所思、所盼、所想、所求。作为部门管理者，从纵向来说，就是联系决策层与员工的桥梁和纽带；横向来说，就是向员工传递动力的接力棒。

当一个企业获得稳步发展，欣欣向荣时，这个企业的内部，一定是进入了和谐、协调的状态。和谐企业的内涵包括劳动关系和谐、责任和谐、利益和谐、内环境和谐、企业与市场的和谐等。这种和谐会迸发出意想不到的创造力和凝聚力，而这正是促使一个企业兴旺、发达的关键所在。当我们研究人力资源管理的各种职能时，常常强化了它的硬功能，而忽略了它的软功能。实际上，硬功能诸如招聘、培训、报酬、奖惩、晋升等，这是每个企业都应该做到的，因为这些是企业正常运转的必要条件。而人力资源管理的软功能，例如沟通、冲突、矛盾、协调等，常被某些企业领导所忽视。由于它们是企业正常运转的润滑剂，所以那些重视人力资源软功能的企业获得了极大裨益，它们从这些功能的运作中实际上获得了企业最宝贵的东西：凝聚力和向心力，这种软的而非硬的功能产生的结果却是硬的生产力的提高和企业利润的提高。

②企业文化。大力弘扬和构建“和谐共生，共享共赢”的团队文化。在管理工作中，任何一个优秀的公司在制度上不可能做到天衣无缝。而能够借助文化的力量使员工从心里产生对企业的归属感，由外力控制向员工自我控制的转变，这就需要管理者在部门管理工作方面努力构建员工自律的文化氛围，以了解人、关心人、凝聚人为出发点，提出工作建议和意见，有针对性地做好指导。对在工作进展中的工作态度（责任心、敬业精神、团队精神等）进行互动式讨论，做得好的肯定，做得不好的改进。于润物细无声中引导员工该做什么，不该做什么，公司提倡什么，反对什么。通过员工的个人优化工作和组织团队优化工作，来提高人员和组织的工作效率。

吐旧纳新是一个企业充满活力的表现。要使新员工融入企业文化，向新员工强调对待客户和员工的管理理念非常重要。不管员工从事哪方面的工作，包括营销、管理都需要他们具有“重视客户”的观念。你的下属员工其实就是你的客户，只有和他们形成良好的沟通，才能保证企业正常快速地发展。介绍公司的产品和技术的先进性，会使新员工产生由衷的自豪感，这种自豪感会使公司员工产生凝聚力。在人才开发方面要防止出现只注重对知识、技能方面的培训或引进，而忽视对企业文化的研究。其实，企业文化是人力资源开发中的引擎，是引导人才在思维方式、理念、价值等方面同企业需求保持一致的航标。把个人生涯的发展目标与企业的发展目标结合起来，树立“每个员工的成功就是企业的成功”的思想理念，最终达到共享共赢的目的。

③人本管理。从了解人、尊重人、关心人入手，给雇员定岗之后，雇员学会了该岗位的工作，企业的主管通常认为，此时企业将进入正常的运转。但事实并非如此，雇员有了工作并学会了工作，但不一定会自愿工作，更不一定会努力工作，雇员努力自觉的工作不仅取决于报酬、福利和领导的水平，而且取决于企业组织目标与雇员利益之间的协调程度，取决于雇员对企业领导和企业经营理念的认同程度，取决于内部的协调和沟通程度。因此，协调是促进员工自觉工作，促进组织高效运转的重要环节。同时，金钱的刺激并不是影响员工行为的唯一因素，员工在金钱之外的需求有时更加强烈地左右着他们的行为。作为一个管理者，其一，不仅要具备良好的心理素质，同时要具备必要的管理技能，要具备管理艺术和重视个人品格的锤炼，学会公正、干练地处理人际关系。其二，要把交流和沟通引入管理中。对目标、标准、方法及其他措施的设定与变更，应尽可能进行上下级之间的交流、协商，以达到相互间的协作，在协作中及目标完成后管理者要不吝赞美部下。同时，在相关的职能部门之间要进行意见交流，增进相互了解，以形成良好的人际关系。其三，尽可能让部属参与

决策和管理，属下的智慧和创造才能获得发挥，营造民主式的指挥管理。其四，建立员工与领导之间的面谈制度，以消除争端和不满，通过面谈完善人际关系。其五，注意美化工作环境和生活环境，提高员工的工作满意度。如果我们善于倾听和沟通，又充分地重视了矛盾和冲突，那内部的协调系统必能进入良性循环，一个充满和谐、有凝聚力和有竞争力的组织必能为每个员工创造最好的工作环境和给员工最好的回报，而心情舒畅的员工也必能为组织创造更多的利润和财富。

④培训问题。一是做好员工的职业生涯导航规划设计和培训提升。一方面有利于企业收获人力资本的长期可增值性，另一方面员工从丰富的职业生涯中获得事业成就感，从而提高员工的工作满意度和对公司的忠诚度，使其不断向看得见、够得着的目标迈进。二是注重员工心理方面的疏导。现今来自社会的、单位的、家庭的等无形压力困扰着很多年轻人才的心，过度紧张、痛苦、自责和挫折感等严重影响身心健康，只有建立有效的心理疏导机制，通过心理教育、疏导和训练来减轻压力，同时也可为员工建立疏导不良情绪和不满情绪的出口，这个要在充分尊重员工隐私的前提下开展。建立员工心理档案，定期开展心理测试，这样做既改善了心态，同时也在认识自我的过程中提升了意志品质。“士为知己者死”的情怀油然而生，奉献精神、团队精神会进一步增强。

秦昭王五跪范睢，只为一份“兴秦策”。关爱人才关系到人才效能的发挥，关系到“人才强企”战略的实施，关系到企业的长远发展，只有做足关爱人才的“软硬”功夫，切实补齐人才工作中的短板与不足，为人才营造一个放心安稳的环境，才能最大限度发挥人才效能。

6.3.3.2 同事融洽

管理者要注重人才团队建设，使不同性格、不同风格、不同类别的人科学合理搭配，营造民主、平等、开放、和谐的科研氛围，使创新型人才团队能够凝心聚志、鼓舞士气、继往开来、破旧立新，赋予团队鲜活的灵魂和绵延的生命力，从而焕发无穷的活力、适应力、创造力和持续发展的市场竞争力。

令人愉快的工作氛围是高效率工作的一个很重要的影响因素，快乐而尊重的气氛对提高员工工作积极性起到不可忽视的作用。如果在工作的每一天都要身处毫无生气、气氛压抑的工作环境之中，员工不可能会积极地投入到工作中。

良好的工作氛围是自由、真诚和平等的，就是在员工对自身工作满意的基础上，与同事、上司之间关系相处融洽，互相认可，有集体认同感、充分发挥团队合作，共同达成工作目标、在工作中共同实现人生价值的氛围。在这种氛围里，每个员工在得到他人承认的同时，都能积极地贡献自己的力量，并且全身心地朝着组织的方向努力，在工作中能够随时灵活方便地调整工作方式，使之具有更高的效率。

工作氛围是一个看不见、摸不到的东西，但我们可以确定的是，工作氛围是在员工之间的不断交流和互动中逐渐形成的，没有人与人之间的互动，氛围也就无从谈起。制度在这方面所能起到的作用有限，最多也不过是起到一个最基本的保障作用。目前来看，我国企业的内部制度虽然不尽完善，但更重要的是制度因为多种原因不能够得到很好的执行，这就要求充分发挥人的作用。人是环境中最重要的因素，好的工作氛围是由人创造的。

任何人都喜欢在轻松、愉快的环境中工作，这样的工作环境会使他们更有效率、更愿意工作下去。如何才能创造一个良好的、令人愉快的工作氛围呢？

（1）让员工在这个企业工作有一种自豪感，感到荣耀。

比如在这个公司里有这么一份工作很体面，有比较有竞争力的薪酬，甚至包括优美、舒适的办公环境等这些基本的东西，再就是有自豪感。把工作看成荣耀，员工就不会轻视自己的工作，他会把工作当作是人生的一部分，是不分高低的。这样不管做任何工作，员工都会尽心尽力，努力去做好。把工作当成荣耀，员工就有了工作的动力，即“精神向心力”。

（2）建立以“业绩”为导向的绩效考核机制，杜绝内耗。

建立以“业绩”为导向的绩效考核机制是关键。俗话说，革命不分先后，功劳却有大小。企业需要的是能够解决问题、勤奋工作的员工，而不是那些曾经做出过一定贡献，现在却跟不上企业发展步伐、自以为是不干活的员工。

古罗马皇帝哈德良曾经碰到过这样一个问题。他手下有一位将军，跟随自己长年征战。有一次，这位将军觉得他应该得到提升，便在皇帝面前提到这件事。

“我应该升到更重要的领导岗位，”他说，“因为我的经验丰富，参加过 10 次重要战争。”

哈德良皇帝是一个对人才有着高明判定力的人，他并不认为这位将军有能力担任更高的职务，于是他随意指着拴在四周的驴子说：“亲爱的将军，好好看看这些驴子，它们至少参加过 20 次战争，可它们仍然是驴子。”

其实职场也是一样，职场当中没有苦劳，只有功劳。经验与资历固然重要，但并不是衡量能力的标准。有些人十年的经验，只不过是一年的经验重复十次而已。年复一年地重复一种类似的工作，固然很熟练，但可怕的是这种重复已然阻碍了心灵的成长，扼杀了想象力与创造力。

公司要的是业绩，而业绩的实现要靠人，但人的“两面性”又使管理增加了变数。在很多企业中，人力资源管理是为管理而管理，谈不上明确的“业绩”导向。因此，很多企业的人力资源管理事实上并没有发挥出应有的效用。如何实现人力资源管理的业绩导向，真正发挥人力资源管理的业绩效果，需要建立一套行之有效的以“业绩”为导向的绩效考核机制。

其次是杜绝类似机关“吃大锅饭”的情况。大家都是吃“皇粮”的，端的是“铁饭碗”，坐的是“铁交椅”，工作上做多点少点没事，可不能做与工作无关的事；做好点做差点也没关系，但千万不能捅个娄子；做不做事也无所谓，但可不能缺席早退。如果一个公司的员工都是这样的，是不利于企业发展的。

（3）加强企业文化建设，提高企业向心力和凝聚力。

有的企业把目光主要放在追求“第一利润”上，而把变革陈旧的企业管理思想摆到了次要地位，他们恰恰忽略了最宝贵的东西，那就是企业文化建设。企业文化是企业精神财富的积淀，是企业发展的内部动力源泉。营造良好的企业文化氛围是企业不断腾飞的保证。企业文化可以加强员工的文化认可和归属，这种认可和归属将成为员工工作的一大动力，它甚至可以让员工为之付出比正常情况下多得多的劳动。加强企业文化建设，提高员工凝聚力和主人翁责任感，是企业发展生产，实现经济效益和社会效益的有效途径。

创造平等沟通的条件。因为工作岗位和角色不同，员工对领导多少有些心存敬畏，平时很难对领导袒露心声。作为领导，就要在工作上多帮助，生活上多关心，多找机会和员工面对面交流，有意识地营造轻松的环境，创造平等沟通的条件，让员工忘记双方的身份，拉拉家常、谈谈心事，让员工觉得，有些事情可以和领导说，也放心和领导说。在帮助员工解开心结，舒缓焦虑，消除困扰的同时，也掌握了更多的情况，开展工作也更加主动，在不经意间就做了非常有效的思想政治工作。

不良的工作氛围有非常大的危害性，做工作如果老是以等一等、将就一下、这样应该可以了的心态去工作，在这样的环境下工作，这个人慢慢地就会小错不断，甚至会引发更大的问题。工作的氛围不紧凑，不严密，就常常使人感到懈怠，就像泡在温水之中的青蛙一样，根本感觉不到危险正在一步步地降临。温水煮青蛙，青蛙不会冷却，但也难以成熟。干部培养亦是如此，在不温不火，什么都是“没关系”“差不多”“都行”的氛围之下，很难培养出严谨细致、精益求精的干部。良好的工作氛围可以激励人向上，是大家奋力拼搏的一种动力来源，大家都对工作认真负责，用工匠精神来完成手中的每一件工作。不仅仅工作成果会让人感到满足，而且与身边的同事一同努力奋斗也不会感到孤独。慢慢地在潜移默化之中就会养成一种积极向上的性格品行。工作氛围就会越来越好，甚至去影响更多的人。

良好的工作氛围关键是要体现出对科技人员的尊重、理解、关心和帮助。尊重科技人员，首先要与他们经常面对面沟通与交流。要善于经常与科技人员主动沟通，经常到基层去，到科技人员的办公现场去，平等对话，屈膝交谈，倾听他们对工作的意见和建议，鼓励他们讲出不同意见，以便听取不同的声音，制订有针对性的解决方案。即使有些意见不正确，也要保护发言人的积极性，从而形成一种良好的民主氛围。这样除了达到相互沟通、相互了解的目的之外，也会给科技人员传递一个重要信息：他们很重要，领导很重视他们，使他们感受到存在的价值，增强主人翁意识。其次，要尊重他们的劳动成果。进步较快的科研人员要及时鼓励，可给予适当的待遇回报（包括奖金、荣誉等），但是要防止他们在经受表扬之后变得自负而浮躁。对于进步相对较慢的人员，要有耐心，要保护，即使是基础很扎实的博士、硕士研究生，刚到单位的前几年，也有一个适应的过程，因此安排的研究任务不一定能够完全做到位，我们要保护他们的工作积极性，要肯定他们取得的成绩，然后指出需要完善的地方，并限定完成时间，这样使他们感到自己可以在项目组发挥作用，有干劲、有奔头。实际上，进步不一定很快，但踏实勤恳的科研人员往往是笑到最后的人，是单位最终可以依靠的人。要避免以下情况发生：一是给科研人员安排了工作，要么不去过问结果，要么收回结果却不在整体项目成果中反映出来，而且不向人家说明原因。二是已选定了专题负责人（领军者），但常常无视其存在直接给基层研究人员安排工作。这些都会给人一种不受尊重、不受重视的感觉，长此以往会极大挫伤他们的工作热情，挫伤他们创新的积极性和主动性，达不到好的培养效果。

理解科技人员，就是要学会换位思考，要站在科技人员的角度考虑问题。科技人员有他们那个年龄段的特点，有符合那个阶段的需求，未婚者需要谈对象，已婚者需要住房，有小孩者需要抚养自己的宝贝，这些都要花费一定精力，我们要理解这些正常的需求，并在条件许可的情况下给予一定方便，提供必要的帮助。此外，科技人员在工作中难免会出现失误，要宽容失败，要帮助查找问题所在，要少点批评和谴责，多些鼓励，欢迎他们为企业的管理模式及未来发展提出意见和建议。要打造文化平台阵地、丰富活动载体，定期组织举办职工运动会、歌咏比赛、辩论赛等员工喜闻乐见的活动，用健康丰富的文化生活陶冶情操、调节心理。关心和帮助科技人员，就是在他们工作中遇到挫折和困难时、在生活中发生不顺心事的时候，或者其他原因心情不好的时候，要主动找他们谈心，了解他们在想什么、他们需要什么，然后采取有针对性的措施，化解他们心中的不愉快，并想办法帮助他们解决困难。对科技人员进行精神上的鼓励，帮助其树立一种积极向上的工作心态，让他们感受到大家庭的温暖，建立大家庭的感情，进一步增强归属感，增强企业凝聚力和员工自豪感，营造愉快工作、幸福生活的浓厚氛围。

6.3.3.3 上下同心

古人云："上下同欲者胜"。上下要有共同的目标、责任和价值观念，追求共同的企业精神并为之齐心协力。对"上"来说，管理者要充分听取基层科研人员的意见和建议，实行民主决策。树立惜才、重才观念，强化服务意识，变管理人才为服务人才，切实做到政治上关注、工作上支持、生活上帮助，使人才能够心无旁骛、潜心研究。在科研管理中，尊重他人劳动创造，利益分配、物质奖励、成果署名都要按贡献大小，不能论资排辈；对“下”来说，基层科研人员要强化责任意识和奉献精神，进一步认清形势、统一思想和目标，增强干事创业的主动性。切实提升综合研究能力和业务绩效水平，促进理论技术成果创新。要把个人利益同集体利益相融合，个人目标与集体目标相融合，个人智慧与集体智慧相融合。

团队互动成才规律即科技人才积极投身到科技创新团队中，在个体成才与群体成才的双重动力下，相互取长补短、学习借鉴、启迪思维，不断提高创新能力，逐步成长为杰出的科研专家的规律。它揭示的是个体成长与群体成才的关系和人才共生效应，强调团队群体互动在科研协作攻关和杰出科技带头人成长中的关键性作用。由于现代科技朝着既高度分化又高度融合的方向发展，科技知识在加速增长的同时也在加速更新。学科知识交叉融合在科技人才创造性劳动中，知识结构性互补显得尤为重要。科研任务往往需要不同学科、不同专业、不同类型的科技人才的联合攻关才能完成。尤其要发扬团队合作精神，提升研发带头人的变通思维能力、洞察能力、应变能力、独创能力和组织管理能力。要建立跨学科教育组织机制，加强学科间的渗透、交叉、融合，促进专业结构的调整优化，从源头上改变以专业为核心的培养模式和管理体制，打破学科专业壁垒，实现资源共享，优势互补。在培养目标引导下改变原有的知识结构，形成复合型的知识结构。集中精力、积蓄能量、聚焦成才有利于领军人才的快速成长。遵循这一规律，各创新主体单位要加强组织协调，使创新团队人才群体在能级、专业、年龄、性格上形成合理搭配，构建有利于发挥集体智慧和力量的组织体系。通过组织培养，最大限度地发挥团队互动效应，加快科技领军人才的成长。

7

结　论

通过勘探开发研究院科技人才资源特征的研究，明晰了勘探开发研究院科技成才的内在动因与外在动因，内在动因包括企业忠诚度、理想信念、学习创新、团队协作、意志力；外在动因包括科研环境、培养机制、发展机遇和团队作用。

通过对勘探开发研究院科技人才进行抽样调查分析，对其年龄、学历、职称、参与科研生产情况及成长历程等进行综合统计和分析，发现勘探开发研究院科技人才的成长一般要经历激情→受挫→迷茫→觉醒→分化→稳定、贡献的周期性规律，并且在多种因素影响下，将分化为专业拔尖人才、技术骨干人才和一般人才三个群体。

根据勘探开发研究院科技人才资源特点，构建了时间、梯次、能力三个维度的三维目标化科技人才培养体系，在时间维度（X 轴）上，将科技人才划分为“磨合期—成才期—贡献期”三个区间，并根据各阶段科技人才特征与需求，提出有针对性的培养思路；在空间维度上（Y 轴），以共青团目标价值管理系统为平台，对科技人才进行分类划分，并建立了“领军型—创新型—执行型”的分类目标化培养思路；在能力维度上（Z 轴）上，综合时间和梯次两个维度人才发展的阶段性特征，建立科技职业发展导航信息系统，提出了思想导航、专业导航、职业导航的具体内容，设计了具体的活动载体。

科技人才是石油行业科研单位的中坚力量，在科研生产、创新创效等方面起着不可或缺的作用。依托科技职业发展导航，实行“目标化、阶梯式”的科技人才培养模式，将使科技群体培养规划更科学、资源配置更优化，将成为勘探开发研究院科技人才培养的强力引擎。

参考文献

[1] 樊香萍. 科技领军人才成长规律探析 [J]. 教育理论研究，2012（8）.

[2] 胡振民. 从人才辈出规律谈人事制度改革 [J]. 中国人才，1987（1）.

[3] 黎安娟. 基于万众创新青年领军人才培养机制与模式研究 [J]. 科学管理研究，2015（12）.

[4] 钱霞芳. 构建人才创新创业的软硬环境 [J]. 杭州通讯，2008（3）.

[5] 宋成一，王进华，赵永乐. 领军人才的成长特点、规律与途径——以江苏为例 [J]. 科技与经济，2011（12）.

[6] 韦任重. 浅谈黄金年龄人才开发 [J]. 人才开发，2000（1）.

[7] 张士凑. 关于人才可持续发展成长链建设的思考 [J]. 职业，2014（12）.